国家自然科学基金面上项目(52374216)
山东省自然科学基金面上项目(ZR2023ME074)

采空区低碳防灭火理论与技术

Theory and Technology of Low-Carbon Fire Prevention and Extinguishing in Goaf

亓冠圣

胡相明　顾　野　张志博　　　著

东南大学出版社
SOUTHEAST UNIVERSITY PRESS
·南京·

图书在版编目(CIP)数据

采空区低碳防灭火理论与技术 / 亓冠圣等著.
南京:东南大学出版社,2025.1. -- ISBN 978-7
-5766-1846-4

Ⅰ. TD75

中国国家版本馆 CIP 数据核字第 2024TY6016 号

责任编辑:贺玮玮   责任校对:韩小亮   封面设计:毕真   责任印制:周荣虎

采空区低碳防灭火理论与技术
Caikongqu Ditan Fangmiehuo Lilun Yu Jishu

著   者:亓冠圣 胡相明 顾 野 张志博
出版发行:东南大学出版社
出 版 人:白云飞
社   址:南京四牌楼 2 号 邮编:210096
网   址:http://www.seupress.com
经   销:全国各地新华书店
印   刷:广东虎彩云印刷有限公司
开   本:787 mm×1 092 mm 1/16
印   张:9.25
字   数:192 千字
版   次:2025 年 1 月第 1 版
印   次:2025 年 1 月第 1 次印刷
书   号:ISBN 978 - 7 - 5766 - 1846 - 4
定   价:56.00 元

前　言

煤炭自燃是煤矿的主要自然灾害之一。我国大约 60% 的煤自燃灾害发生在采空区。为防治煤自燃，需要向采空区灌注防灭火材料，高效封堵漏风通道，降低采空区的氧浓度。随着开采深度的增加，层间漏风和本层漏风等多层采空区的漏风过程趋于复杂，彻底封堵漏风变得非常困难，灌注的惰气容易随漏风逸散，无法定向高效地实现火区惰化。如果采空区堵漏材料能够通过稳定吸附将大量的惰气滞留在采空区，并在遗煤自然发火时温敏释放，将会快速降低火源区域氧浓度，提高隐蔽火源治理的靶向性与时效性，显著提升防灭火材料的控氧抑燃效果。

中国在第七十五届联合国大会上，提出了力争在 2030 年前实现二氧化碳排放达峰，并在 2060 年前实现碳中和的目标。为了促进煤炭行业的可持续发展，亟需推动煤炭资源的绿色低碳开采与利用。我国采空区空间巨大，截至 2016 年底，我国煤矿地下采空区体积为 138.36 亿 m^3，预计到 2030 年将达到 234.52 亿 m^3。"采空区/残采区/关闭矿井封存 CO_2"是煤矿绿色低碳技术研究的新方向。相较于咸水层封存、海洋封存等方法，矿山采空区封存 CO_2 具有显著优势。例如，采空区内破碎煤岩多孔介质的空隙尺度大，CO_2 及其吸附基质在采空区内扩散阻力小，且注入工艺简单；采空区的地质资料完善，可显著减少地质勘查的工作量；采空区相对独立，有利于 CO_2 封存区域的安全管控；我国坑口电厂数量多，有利于电厂 CO_2 的就地封存。

将采空区作为密闭空间来储存气态 CO_2，容易发生泄漏，安全管理难度较高。碱性固废矿化 CO_2 后制备成流体材料并充填于采空区内，是一种更具潜力的采空区碳封存手段。我国粉煤灰、电石渣、钢渣等大宗碱性固废利用率较低，每年新增堆存量近 30 亿 t，严重污染土壤、水体及空气，亟需进行绿色开发利用。它们富含氧化钙等碱性成分，能够高效矿化 CO_2（CO_2 与碱性氧化物生成稳定的碳酸盐产物）。碱性固废被碳酸化处理后填充到采空区，可以显著提高采空区的固碳量，并确保采空区固碳工艺的安全性。

因此，作者开展了基于碱性固废矿化固碳的采空区低碳高效防灭火理论与技术的研究。近年来，作者承担了国家自然科学基金面上项目"多孔固碳颗粒在采空区的架桥堵漏与温敏释惰防灭火机制"、山东省重点研发计划项目"基于二氧化碳相变传热及其封存的井下采空区防灭火关键技术研究"、国家自然科学基金青年科学基金项目"贫氧火区自然对流条件下浮煤自维持阴燃的产热机理与主控机制"等。依托这些项目，作者指导研究生在该方向开展了持续研究，完成了以下论文：《碱性固废电石渣泡沫的制备及其性能研究》(2018—2021)、《煤矿液态 CO_2 地面直注管输系统液-气转换机制研究》(2018—2021)、《液态 CO_2 防治采空区遗煤自燃灾害机理的实验研究》(2018—2021)、《电石渣浆液快速矿化 CO_2 方法及其防灭火特性研究》(2019—2022)、《改性多孔颗粒稳定吸附 CO_2 及其采空区堵漏风性能研究》(2020—2023)、《矿用防灭火凝胶颗粒的研发及堵漏风性能研究》(2020—2023)、《矿井远距离管输液态 CO_2 注入-输送-泄放全过程相变特性研究》(2020—2023)、《改性固废基地聚物颗粒稳定吸附 CO_2 及其解吸抑燃特性研究》(2021—2024)、《碱性固废同步研磨矿化固碳提效方法及其防灭火浆泡材料研究》(2021—2024)。这些项目的实施与论文的研究为本书的完成奠定了坚实的基础。

全书共 6 章。第 1 章为绪论，介绍本书的研究背景、国内外研究现状、研究思路、与技术路线以及主要内容特色。第 2 章介绍碱性固废同步研磨矿化固碳机理与方法。第 3 章介绍基于碳酸化固废制备改性多孔颗粒的方法。第 4 章介绍改性多孔颗粒化学稳定吸附 CO_2，以及温敏释放 CO_2 防灭火的机理与方法。第 5 章介绍基于碳酸化固废研发凝胶颗粒防灭火的理论与方法。第 6 章介绍碱性固废基固化泡沫在采空区内固碳与防灭火方法。

本书得到了国家自然科学基金面上项目(52374216)、山东省自然科学基金面上项目(ZR2023ME074)等项目的资助，对此表示由衷的感谢。在本书的出版过程中，东南大学出版社给予了大力支持，编辑付出了大量的辛勤劳动，在此一并表示感谢。

亓冠圣
2024 年 7 月

目　录

Contents

第5章　碳酸化废料制备凝胶颗粒流体防灭火　　80

第6章　采空区固化泡沫吸收 CO_2 固碳及防灭火　　108

第1章 绪 论

1.1 研究背景

富煤贫油少气是我国的基本国情,以煤为主的能源结构在短期内难以根本改变。煤炭是我国能源安全稳定供应的"压舱石"。然而,煤炭开发利用过程中的高碳排放,以及频繁发生的煤自燃灾害,严重制约了煤炭工业的可持续发展。我国是世界上煤自燃最严重的国家之一,每年因煤自燃烧毁的煤炭超过 2 000 万 t,造成的经济损失近百亿元,同时煤自燃还排放大量有毒有害气体。据不完全统计,每年因煤自燃引起的 CO_2 非正常排放超过 4 000 万 t,造成了严重的环境污染。此外,煤自燃还会诱发瓦斯、煤尘爆炸等重特大恶性事故。探索大规模、低成本的 CO_2 封存方法,研究高效的煤自燃灾害防控技术,推动煤炭资源的绿色安全开采与低碳利用,是落实国家碳达峰、碳中和重大战略决策的重要举措,契合国家能源安全生产的重大需求。

"采空区/残采区/关闭矿井封存 CO_2"是煤矿绿色低碳科技攻关的新方向。相较于咸水层封存、海洋封存等方法,矿山采空区封存 CO_2 具有以下显著优势:采空区内破碎煤岩多孔介质的空隙尺度较大,CO_2 及其吸附基质在采空区内扩散阻力较小,注入工艺简单;采空区的地质资料完善,可以显著减少地质勘查的工作量;采空区相对独立,有利于 CO_2 封存区域的安全管控;我国坑口电厂数量多,有利于电厂 CO_2 的就地封存;采空区空间巨大,从谢和平院士的统计结果显示,截至 2016 年底,我国煤矿地下采空区为体积 138.36 亿 m^3,推测到 2030 年将达到 234.52 亿 m^3。

将采空区作为密闭空间存储气态 CO_2,容易发生泄漏,且安全管理难度较高。碱性固废矿化 CO_2 后制备成流体材料充填于采空区内,是一种更具潜力的采空区碳封存手段。我国粉煤灰、电石渣、钢渣等大宗碱性固废利用率低,年新增堆存量近 30 亿 t,严重污染了土壤、水体及空气,亟需绿色开发利用。它们富含氧化钙等碱性成分,能够高效矿化 CO_2(CO_2 与碱性氧化物生成稳定的碳酸盐产物)。碱性固废被碳酸化后充填到采空区,可以显著提高采空区的固碳量,从而确保采空区固碳工艺的安全性。

我国大约 60% 的煤自燃灾害发生在采空区。高效封堵漏风通道、切断供氧是预防遗煤自燃的关键。向采空区灌注防灭火材料以封堵漏风是一项重要措施。同时,采空区是一个巨大的受限空间,火源位置具有隐蔽性,难以准确定位。封堵漏风通道并灌注惰气,实现大空间的快速控氧,是遗煤自然发火后应急处置的首要方法。但是,随着开采煤层逐渐向深部延伸,层间漏风和本层漏风等多层采空区的漏风过程趋于复杂,彻底封堵漏风难度加大,灌注的惰气易随漏风逸散,无法定向高效地惰化火区。如果采空区堵漏材料能够通过稳定吸附将大量的惰气(例如CO_2)滞留在采空区,并在遗煤自然发火时温敏释放,将会快速降低火源区域的氧浓度,提高隐蔽火源治理的靶向性与时效性,显著提升惰气防灭火技术的控氧抑燃效果。

因此,有必要探索基于碱性固废的采空区固碳与防灭火一体化技术,这将为矿山采空区碳封存与灾害防治一体化新技术的发展和应用奠定理论基础,并在推动煤炭行业碳减排、助力碳达峰与碳中和目标的实现,以及遏制灾害发生、保障社会稳定等方面具有重要的现实意义。

1.2 国内外研究现状

1.2.1 矿化封存CO_2机制与方法

CO_2矿化是一种极具前景的碳封存技术,各国学者针对矿化机理与方法进行了广泛的研究。由于碳酸比硅酸酸性强,硅灰石、橄榄石等天然矿石能够与CO_2反应生成稳定的碳酸盐。天然碱性矿物数量丰富,但碳化速度慢、能耗高,且开采预处理成本高。钢渣、电石渣、粉煤灰等碱性固废中含有大量的钙镁离子,可将CO_2固定为碳酸镁和碳酸钙等稳定的碳酸盐。工业碱性固废矿化CO_2的成本低、反应活性高、预处理简单。相较于天然矿物,工业碱性固废具有更大的矿化固碳潜力。碱性固废矿化CO_2主要包括钙、镁等离子的浸析和碳酸盐的生成。研究发现钢渣等废料中的钙从硅酸钙分散相中扩散到表面并浸析,会导致固废表面形成>Si—OH基团,并进一步缩合产生>Si—O—Si<键,在表面形成富硅惰化层,阻断了内部离子的持续析出,显著降低了矿化效率。现有研究证实,同步研磨方法能够有效去除惰化层,即在矿化前将研磨介质和矿化原料混合,在矿化过程中机械搅拌使得研磨介质与原料之间产生相对运动,并产生摩擦、剪切等作用力,在力的作用下原料及其表面惰化层不断被破碎。然而,相关研究主要集中于橄榄石等天然矿物。由于生产过程经历了高温或高压处理,工业固废的活性及其矿化固碳性能不同于天然矿物。为了提高碱性固废矿化CO_2的效率,降低矿化过程能耗,有必要进一步研究研磨介质粒径、添加量、硬度等因素对同步研磨矿化效率的影响规律与机制,明确钢渣等碱性固废的最佳同步研磨矿化方法。

研究表明,间接碳酸化反应可以通过获取高价值的碳酸盐产品来降低工艺成本,但浸出效率较低,浸出剂的再生和循环利用能耗大,且工艺较为复杂。CO_2干法直接碳酸化反应速率较低,采取强化方法(如高温高压)和预处理手段(如热活化)可以提高反应速率,但成本过高,且 CO_2 转化率仍然较低,难以满足工业化应用需求。相较之下,湿法直接碳酸化反应具有更高的反应速率和更低的操作成本,更适用于煤矿矿化固碳及矿化产物充填采空区。学者们研究了温度、压力、固液比、添加剂(如 NaCl、$NaHCO_3$ 等)等因素对矿化效率的影响规律,掌握了不同天然矿物与碱性固废对 CO_2 的封存能力与影响因素。但是,相关研究主要是在实验室使用高压反应釜和固定床等实验设备开展的。同步研磨-湿法直接碳酸化固碳技术的工业化应用还需要经历中试放大试验。技术的扩大存在"扩大效应",比如反应器的扩大会导致传热传质规律的变化。因此,为了促进同步研磨-湿法直接碳酸化固碳技术在煤矿的工业化应用,需要进一步研究反应器长径比、叶片间距等结构参数对同步研磨矿化过程传热传质规律的影响机制。

1.2.2　工业固体废弃物利用

我国工业固废的排放量大,每年呈明显递增趋势,但综合利用率较低,仅为 55.02%。其中包含大量碱性工业固废,如粉煤灰、电石渣、钢渣、高炉矿渣等。如果不能及时处理这些固废,会造成大量堆积,造成土地资源的浪费,同时这些固体废弃物有很多溶于水的成分,随着雨水的浇淋,会产生一些污染甚至有毒有害物质,从而造成环境污染,粉末状、质量较轻的固体废弃物会随风造成扬尘,严重污染大气环境。目前国内外学者针对固废的有效利用研究,主要集中于材料矿化及多孔材料的合成。

针对矿化方面,国内外学者研究了如何将它们进行改性,并作为充填材料输入采空区。这些固废中含有大量的碱性成分,能够矿化封存大量的 CO_2。对于碱性废料矿化封存 CO_2,学者们已经开展了大量的研究工作。例如,Wang Lei 等介绍了粉煤灰在矿化方面的应用,研究了固液比对 CO_2 反应活性的影响,并得出在液固比为 0.25 时,粉煤灰达到最佳矿化效果。Yang Yuan 等通过实验分析和数据模拟两种方法研究了在恒压和连续加料方式下,固液比、反应压力、搅拌速度、料浆进入速度等反应参数对矿化程度和矿化过程中反应热提取的影响,并得到电石渣的矿化程度超过 80%,固碳能力达到 0.47 g/g。

针对多孔材料的合成方面,目前已有学者基于固废制备了多孔材料,用于水处理、隔热、建筑、气体吸附等领域。例如,Ali Maleki 等利用农业和工业废料(包括稻壳、稻壳灰、棕榈油燃料灰、高炉矿渣)合成一种多孔地质聚合物,可用于过滤和吸附去除重金属离子污染物。罗新春等通过实验表明,在强碱性引发催化剂的控制下,以偏高岭土和高炉矿渣为主要原材料,通过化学发泡法成功制备出抗压强度可达 6.8 MPa,并可承受 600 ℃高温的地聚合物多孔材料。Ji Zehua 等利用磨粒高炉矿渣、饮用水处理残渣和不同稳定剂合成了新型地聚合物泡沫材料,可以用于制造各种土木和工程的泡沫材料,在轻质建筑方面具有良好的应用前景。Guo Xiaofei 等利用杨木木屑、粉煤灰和粉煤灰/稻壳灰制备出不同的多孔材料,研究其 CO_2 的吸附能力。然而,将矿化后的固废加工成多孔材料用于吸附 CO_2 的研究还比较少。

1.2.3　多孔材料对 CO_2 的吸附机制

在煤岩 CO_2 突出防治、CO_2 驱替煤层瓦斯、CO_2 吸附分离等领域,国内外学者研究了煤层、天然沸石以及多孔炭、多孔聚合物等天然与人工合成材料对 CO_2 的吸附性能,并分析了微观孔结构、内表面活性位点以及温-湿-压等内外因素的影响规律。孔径分布、孔容等微观结构影响材料对 CO_2 的吸附性能。多孔炭材料常压下对 CO_2 的吸附量主要取决于微孔孔径;以钾盐为原料经活化制备的多孔炭,其吸附 CO_2 性能与总比表面积和总孔容有关;在较低压力下孔隙大小是关键因素,在高压吸附过程中,比表面积起着重要作用。表面活性位点的种类及数量影响 CO_2 的物理与化学吸附性能。煤表面含氧官能团的存在提高了煤体对 CO_2 的吸附,影响强弱与官能团的极性有关;多孔活性炭表面有效地掺杂 S/N/O 基团有利于 CO_2 的吸附;改性二氧化硅的比表面积和孔径随着活性位点负载量的增加而降低,过量负载会导致吸附剂的孔道堵塞。对于聚乙烯亚胺(PEI)改性沸石 13X 吸附剂,当 PEI 负载量为 60%(质量分数)时,对 CO_2 的吸附能力提高了 2.3 倍。针对温-湿-压环境因素,发现多孔材料对 CO_2 的吸附容量一般与压力正相关,随温度与湿度的升高,不同材料对 CO_2 的吸附呈现不同的规律。例如,随着温度升高,煤对 CO_2 的吸附能力降低,而多孔碳的吸附量增加;饱和水煤样、干燥煤样、平衡水煤样对超临界 CO_2 的吸附能力依次降低。

关于不同类型多孔材料吸附 CO_2 特性及其影响因素的研究已经相当丰富,并且研究成果已经在燃煤电厂烟道气中 CO_2 的吸附分离等领域进行了应用,关注了 CO_2 吸附量、脱附速率、吸附材料循环使用性能等参数。然而,对 CO_2 温敏解吸性能及其影响因素的研究较少。为实现以碳酸化固废制备的多孔固碳颗粒为载体、通过化学吸附将大量的惰性气体 CO_2 滞留在采空区,并能温敏释放抑制火源发展,需要进一步研究多孔固碳颗粒的孔结构、界面改性以及温-湿-压等因素对 CO_2 化学吸附量及其温敏释放性能的影响机制。

1.2.4　采空区内 CO_2 防灾与封存技术

煤矿采空区作为煤炭开采形成的特殊地质空间,在 CO_2 封存领域展现出显著优势。据测算,至 2030 年我国煤矿采空区总容积将达 234.52 亿 m^3,其特有的地质特征为碳封存提供了理想场所:独立的地理单元确保封闭性,完备的地质资料助力精准评估,而发达的空隙结构则构建了低扩散阻力的 CO_2 吸附固存环境,在保障封存效率的同时便于实施安全监管。同时,采空区自燃灾害频发。作为威胁矿山安全生产的重大隐患,其引发的有毒有害气体释放及次生爆炸风险严重制约矿井安全高效开采。针对这一难题,CO_2 注入技术展现出独特的防控价值。研究显示,煤体对 CO_2 的吸附作用可有效阻断煤氧结合路径,且存在明显浓度效应。当 CO_2 体积分数提升,煤耗氧速率可显著降低。研究煤体粒径大小与注入的液态 CO_2 的降温规律,发现煤体的粒径与降温效果成负相关的趋势。

然而现行技术体系存在明显局限性。气态 CO_2 在采空区漏风条件下的滞留时间不足,导致防灭火效果难以持久;同时解吸逸散的 CO_2 加剧了碳排放压力,与"双碳"战略目标形成矛盾。基于此,构建采空区 CO_2 长效封存系统成为关键突破口,通过实现碳封存与防灭火的协同效应,既可形成煤自燃的持续防控机制,又能为矿山碳汇体系建设提供创新路径。

1.3 研究思路与技术路线

基于碱性固废的采空区固碳技术,根据废料注入采空区的时间,可以分为注入前固碳与注入后固碳。注入前固碳,是指将碱性废料注入采空区前,通过矿化、化学吸附等方式将 CO_2 稳定封存在废料中,再将废料注入采空区。注入后固碳,是指将碱性废料注入采空区后,向采空区注入 CO_2,废料在采空区中通过矿化、吸附等形式固定封存 CO_2。

本书针对碱性固废注入采空区前固碳,及其与防灭火一体化技术的研发,立足于"碱性固废矿化固碳潜力大,多孔颗粒吸附气体能力高,化学吸附稳定性好"的特点,提出采空区碳封存与自燃灾害高效防控的一体化路线(图 1.1):碱性固废高效矿化封存 CO_2→基于矿化产物合成改性多孔固碳颗粒→颗粒化学吸附惰气后充填采空区→架桥堵漏防灭火→温敏释惰控氧抑燃。首先,碱性固废矿化 CO_2,将 CO_2 固定于碳酸化固废中;然后,基于碳酸化固废合成多孔固碳颗粒,并对颗粒进行界面改性,改性后的多孔固碳颗粒化学吸附惰气(例如 CO_2)。通过泡沫等流体将稳定吸附惰气的颗粒充填于采空区,利用颗粒

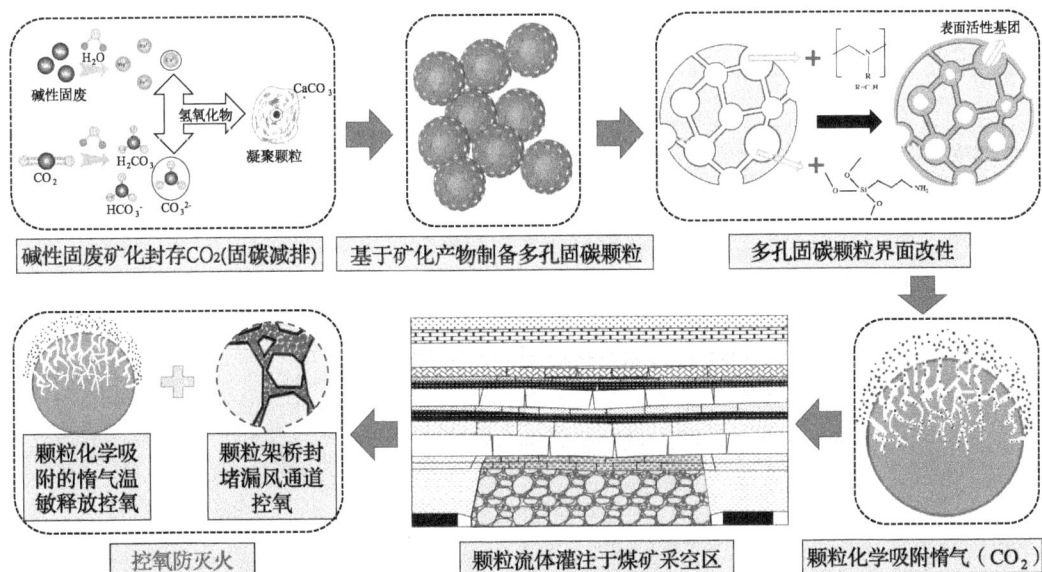

图 1.1 碱性固废注入采空区前固碳及其与防灭火一体化技术路线

的架桥作用封堵漏风通道预防自燃。一旦遗煤升温,颗粒温敏释放化学吸附的惰气,降低火源区域氧浓度,抑制火源发展。此外,作者将碱性废料矿化 CO_2 后,基于碳酸化废料研发了双网络凝胶颗粒,将凝胶颗粒流体注入采空区。基于凝胶的固水、隔氧、耐热和阻化特性以及颗粒的架桥堵漏风性能,实现采空区的高效防灭火。

另外,针对碱性固废注入采空区后固碳及其与防灭火一体化技术的研发,基于电石渣等碱性固废,研究了碱性多孔固化泡沫。泡沫在采空区封堵漏风防灭火的同时,能够快速矿化与吸附 CO_2,从而将 CO_2 稳定封存在采空区。

1.4 主要内容与特色

针对低碳防灭火理论与技术,作者通过承担多项国家级与省级科研课题,积累了一批高水平的原创性成果,从很大程度上深化了对碱性固废矿化固碳机理、多孔固碳颗粒化学稳定吸附与解吸 CO_2 机制,以及采空区颗粒架桥堵漏风防灭火方法等方面的认识,在采空区固碳与煤自燃灾害防治一体化方面取得了一些卓有成效的技术成果。

本书基于碳酸化固废的改性多孔固碳颗粒的制备方法,改性多孔固碳颗粒化学稳定吸附与温敏解吸 CO_2 防灭火理论与技术,碳酸化固废颗粒流体在采空区架桥堵漏控氧防灭火理论与技术,碳酸化固废的采空区内固化泡沫固碳与防灭火一体化理论与技术等,研究了碱性固废同步研磨矿化固碳理论与技术。具体的章节安排如图 1.2 所示。

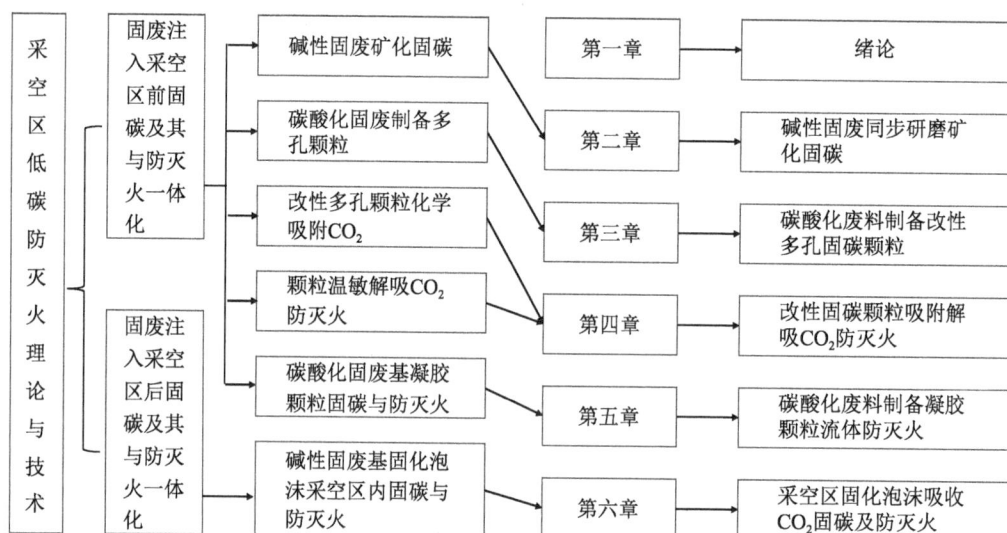

图 1.2 本书章节分布

相对于本研究领域的其他现有书籍,本书的特色如下:

(1) 发展了基于碱性固废的采空区低碳防灭火理论。研发了采空区碳封存与防灭火一体化新技术,包括固废注入采空区前固碳及其与防灭火一体化技术,以及固废注入采空区后固碳及其与防灭火一体化技术,在推动煤炭行业碳减排、助力碳达峰与碳中和目标的实现,以及遏制灾害发生、保障社会稳定等方面具有重要的现实意义。

(2) 研究了碱性固废同步研磨高效矿化固碳机理与技术。揭示了同步研磨矿化过程中固废表面惰化层的破碎提效机制,明确了反应器结构参数对同步研磨矿化过程中传热传质的影响机理,为设计耦合同步研磨的大型高效矿化反应器提供一定的理论依据,有助于形成基于固废高效矿化 CO_2 及其产物充填采空区的大规模、低成本固碳方法。相较于"构建密闭采空区存储气相 CO_2"和"多孔材料注入采空区后吸附封存 CO_2"等采空区碳封存方法,该方法具有更大的封存量和更高的安全性。

(3) 开发了基于碳酸化固废的改性多孔颗粒温敏解吸 CO_2 防灭火技术。揭示了孔结构、界面改性和温-湿-压对多孔颗粒化学吸附与温敏释放 CO_2 性能的影响机制,以基于碳酸化固废制备的多孔固碳颗粒为载体,通过化学吸附,实现惰性气体 CO_2 在采空区的稳定滞留,遗煤自燃后能够温敏释放化学吸附的 CO_2,从而控氧抑燃,有助于解决采空区大空间中惰气易随漏风逸散、惰化区域与时间不能精准控制、无法确保定向高效惰化火区的难题。

(4) 探究了碳酸化固废颗粒在采空区的架桥堵漏风机制与技术。掌握了采空区大尺度空隙中多级粒径复配颗粒的沉降与堆积过程,明确了封堵层几何结构的形成与演化机理,揭示了采空区大尺度空隙中颗粒流体架桥封堵与扩散运移的耦合协调机制。有别于目前主要针对毫米级、微米级等小尺度孔隙中颗粒架桥堵漏的研究,为形成采空区中颗粒流体堵漏控氧防灭火新技术奠定了理论基础。

第2章 碱性固废同步研磨矿化固碳

在碱性固废(固体废弃物)矿化过程中,固废颗粒会形成富硅钝化层外壳,显著抑制矿化固碳效率。同步研磨是指在矿化前,将研磨介质和矿化原料混合后加入矿化装置,矿化过程中由于机械搅拌使得研磨介质与原料之间呈现相对运动,在摩擦、剪切等作用力下,促使颗粒表面的富硅惰化层不断被破碎。本章选取电石渣、钢渣、赤泥三种碱性固废,探究同步研磨方法破坏钝化层外壳、提高 CO_2 矿化量的性能与机制,研究矿化反应器结构参数与工艺参数对矿化效率的影响机理,并提出基于同步研磨的碱性固废高效矿化固碳技术。

2.1 碱性固废同步研磨矿化固碳方法

2.1.1 实验材料及特征

试验中使用的钢渣来自中国河南郑州市蓝科环保净水材料厂,赤泥和电石渣来自中国河南郑州市恒源新材料公司。分别筛选出三种原料中粒度小于 $200~\mu m$ 的颗粒,真空干燥 12 h 后放置在真空袋中备用。选取碱性固废的主要依据是 Ca 和 Si 两种元素的含量,Ca 元素的含量决定了碱性固废矿化 CO_2 的最大值,而 Si 元素的含量则是富硅外壳形成程度的重要影响因素。表 2.1 展示了三种固废的主要元素含量。氧化锆、氧化铝、不锈钢三种研磨剂分别来自浙江湖州启鑫研磨有限公司、河南巩义市龙鑫净水材料厂和浙江杭州格立森机械有限公司,三种研磨剂的直径均为 1 mm。

表 2.1　三种碱性固废中的主要金属元素含量　　　　　　　　(单位:%)

原料	钢渣	赤泥	电石渣
Ca	4.69	28.06	42.28
Si	12.81	7.53	0.59
Al	2.85	2.82	0.41
Fe	27.40	5.78	—
Ti	—	1.09	—
Na	2.79	0.84	0.23
Mg	1.10	0.44	—
Ba	0.40	0.10	0.16

图 2.1 从上到下依次为钢渣、赤泥和电石渣的扫描电子显微镜图（简称电镜图或 SEM 图），氧化铝在三种研磨介质中具有最高的硬度，而不锈钢则具有最高的密度。推测研磨剂对不同试验原料的作用效果可能与三种固废颗粒的性质差异有关，钢渣颗粒较为坚硬且表面较光滑，而赤泥和电石渣的颗粒硬度较低且表面较粗糙，赤泥颗粒之间更容易互相吸附从而形成颗粒聚团。这些物理性质的差异可能会导致不同研磨剂的研磨效果存在差异。

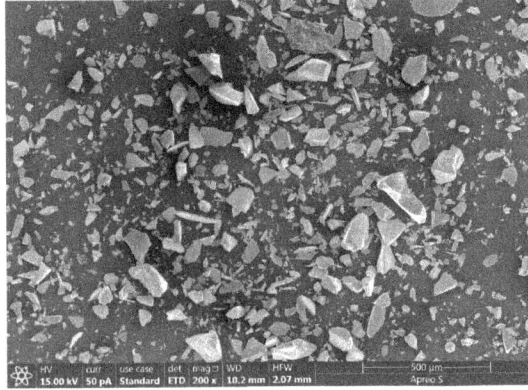

（a）钢渣

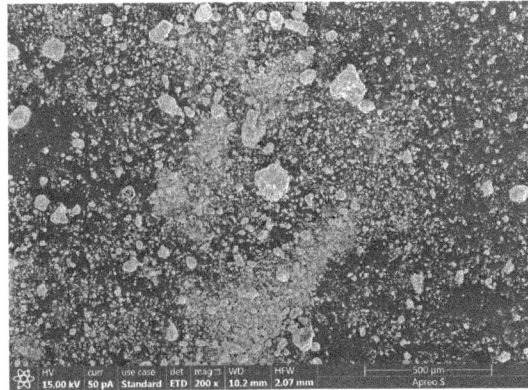

（b）赤泥

（c）电石渣

图 2.1　扫描电镜图

2.1.2 试验装置与方法

采用中国世纪森朗公司生产的 SLM-T250 恒压密闭反应釜进行试验,该反应釜的有效容积为 250 ml,釜盖、釜体及内部构件材质均为 316L 不锈钢材质,釜盖配有 K 型热电偶,用于反应温度测定。反应器的操作温度范围在 0 ℃至 300 ℃之间,且操作压力范围在 0 至 100 bar 之间。反应器通过固定式模块电加热器进行加热,加热功率为 1.2 kW。在反应器上部装有 0~16 Mpa 的量程压力表和 12.5 Mpa 的安全防爆壳,用于压力测定和安全防护。反应器内部设有一个用于冷却釜内浆液的 U 形管和一个用于在反应期间搅拌浆液的磁力搅拌器,磁力搅拌器的转速范围为 0~1 200 rpm。图 2.2 为本试验系统的实物图和原理图。

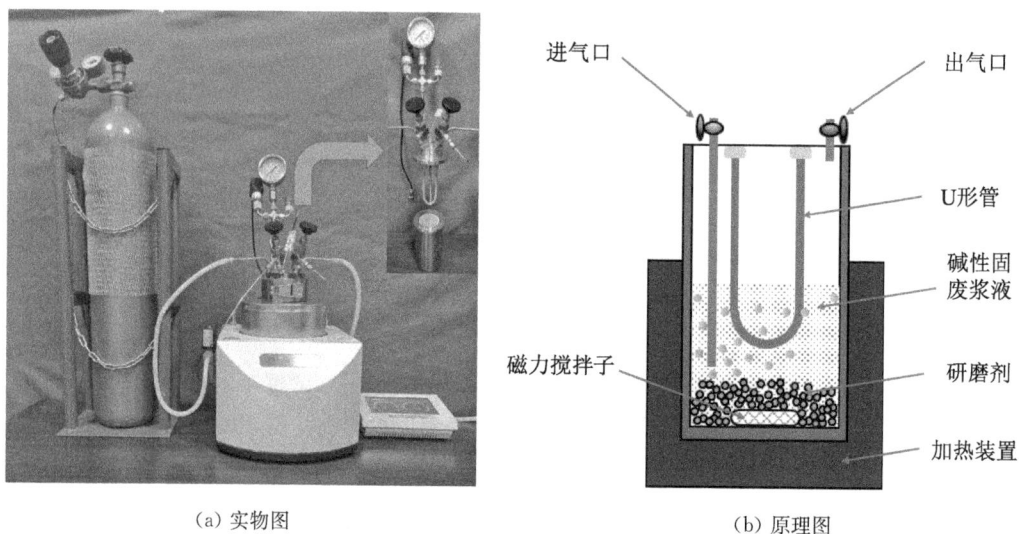

(a) 实物图   (b) 原理图

图 2.2 研磨实验系统的实物图和原理图

称取 5 g 干燥 12 h 的固废,与定量蒸馏水混合并搅拌,配置成混合浆液并倒入反应釜,再加入一定质量的研磨剂,关闭并密封反应釜,设置好温度。之后打开与反应釜入水口相连接的水龙头,通过加热装置及水流大小共同控制釜内温度。当温度达到设定值后,打开反应釜的进气口和出气口,之后快速打开 CO_2 气瓶阀门,通气 1 min 排出釜内空气后关闭反应釜出气口,持续通气使初始压力稳定在该组试验的设定值后,依次关闭进气口和气瓶阀门,设定好转速和反应时间,开始进行试验。当反应结束后,取釜内浆液过滤后,在 80 ℃下真空干燥 12 h。将干燥后的固体产物研磨均匀,以备后续分析使用。

每组试验开始前,首先对不加入碱性固废但其他条件均与试验组相同的空白溶液进行对照试验,将该对照试验结束后测得的压强设为 P_0,根据公式 2.1 计算碳酸化反应引起的釜内压降 ΔP,其中 P 为试验组每组的压降数值(压降单位为 bar)。

$$\Delta P = P - P_0 \tag{2.1}$$

最后通过公式 2.2 得到单位 CO_2 的矿化量:

$$m_{CO_2}(\text{g CO}_2/\text{kg ASW}) = \frac{\Delta P \times V \times M_{CO_2}}{Z \times R \times T \times m_{ASW}} \tag{2.2}$$

其中 m_{ASW} 是参与试验的碱性固废的质量(kg);V 是反应器内气体的体积(L);T 是反应温度(K);Z 是与压力和温度对应的 CO_2 气体的压缩因子,通过 Aspen 8.0 气体性质数据库检索获取;R 是普适气体常数[0.083 14 L·bar/(mol·K)]。

2.1.3　正交试验设计

(1)正交试验原则

当试验考察的因素达 3 个或 3 个以上时,进行全面因素的实验工作量大,实验组数多,而正交试验设计方法可以通过较少的试验,获得与完整试验相当的结果,是一种更有效的多因素设计方法。正交实验的设计方法包括以下步骤:首先,依据选择的因素数量和因素水平寻找相应的正交表;然后,按照表格中所列的具有代表性的组合进行实验;最后,对测试的数据进行分析。

(2)试验因素的选取

研磨剂的加入可以剥落阻碍固废颗粒中钙镁离子析出的富硅钝化层,并能将固废中的大颗粒破碎成小颗粒,增大 CO_2 与固废的接触比表面积。不同的研磨剂具有不同的密度和硬度,因此对于不同的固废,研磨效果也会有所不同。研磨剂与碱性固废的质量比也会影响研磨效果。若研磨剂质量占比过小,则可能无法充分研磨破碎碱性固废颗粒,在同步研磨试验中,研磨介质的百分比应至少为固体百分比的两倍,以产生较小的粒度分布;若研磨剂质量过大,则可能导致悬浮液过于黏稠,难以均匀分散,且会降低固废与 CO_2 的接触面积。由于试验中固废质量固定为 5 g,故本文用研磨剂质量来代替研磨剂与固废的质量比。CO_2 分压在 CO_2 分子从气体到水的传质过程中起着关键作用。在高 CO_2 分压下,溶解在悬浮液中的 CO_2 分子数量增加,从而使悬浮液中有更多的碳酸根离子与碱性固废颗粒接触并发生反应。反应温度的选取对矿化速率及矿化固碳总量具有重要影响。一方面,温度的提升促进了浆液中固废颗粒的溶解,使钙离子大量浸出,快速消耗浆液中的 CO_2,从而增强浆液吸取 CO_2 的能力,促进碳酸钙的沉淀;另一方面,温度升高会降低 CaO 与 CO_2 化学反应的速率,从而导致矿化反应固定 CO_2 的量减少。研究发现,即使在 20 bar 的高压环境下对碱性固废进行矿化试验,也需要 140 ℃ 以上的高温才能显著提高矿化效果。考虑到矿化固碳在实际应用中的成本问题,不宜采用高温高压的试验条件。固液比对矿化反应也有两个方面的影响。高固液比时,固废浆液中的 Ca^{2+} 总量更大,浆液能够参与矿化过程的离子数较多;低固液比时,固废颗粒在浆液中充分分散,钙离子更容易从固废浆液中浸出,可使矿化反应更快达到最大反应速率。此外,转速也是影响试验速率的一个重要因素。搅拌可以降低分子之间的距离,从而增加反应速率,但反应到达平衡状态后,提高转速就不能继续增加试验中CO_2的矿化量。

（3）正交试验方案

分别以三种Ca、Si元素含量不同的碱性废料（钢渣、赤泥、电石渣）作为原料,以上述提到的六种影响因素（研磨剂种类、研磨剂/固废质量比、CO_2分压、温度、固液比、转速）作为变量,设计试验,根据每组试验得到的CO_2矿化量确定出固碳效果最佳的试验条件,并比较对于不同碱性固废,各个因素对矿化效果的影响。正交试验梯度如表2.2所示。

表2.2　正交试验梯度

因素	水平		
A（研磨介质）	氧化锆	氧化铝	不锈钢
B（研磨介质/固废质量比）	1∶2	1∶5	1∶8
C（温度/℃）	30	60	90
D（转速/(r·min⁻¹)）	300	500	700
E（CO_2分压/bar）	0.4	0.6	0.8
F（固液比）	1∶5	1∶10	1∶15

2.1.4　同步研磨矿化固碳条件优化

（1）正交试验结果

对于三种不同的碱性固废颗粒,分别进行了18个试验,以评价各因素的影响,并确定最佳矿化条件。正交试验结果如表2.3所示。

表2.3　正交试验结果

试验组	水平						矿化量(g CO_2/kg ASW)		
	A	B	C	D	E	F	钢渣	赤泥	电石渣
1	氧化锆	1∶2	30	300	4	1∶5	−24	162	294
2	氧化铝	1∶5	60	500	6	1∶10	−18	122	322
3	不锈钢	1∶8	90	700	8	1∶15	10	202	344
4	氧化锆	1∶2	60	500	8	1∶15	0	174	372
5	氧化铝	1∶5	90	700	4	1∶5	−18	56	226
6	不锈钢	1∶8	30	300	6	1∶10	14	176	304
7	氧化锆	1∶5	30	700	6	1∶15	12	102	316
8	氧化铝	1∶8	60	300	8	1∶5	14	390	424
9	不锈钢	1∶2	90	500	4	1∶10	−34	0	234
10	氧化锆	1∶8	90	500	6	1∶5	0	32	288

（续表）

试验组	水平						矿化量（g CO₂/kg ASW）		
	A	B	C	D	E	F	钢渣	赤泥	电石渣
11	氧化铝	1：2	30	700	8	1：10	102	34	346
12	不锈钢	1：5	60	300	4	1：15	16	92	238
13	氧化锆	1：5	90	300	8	1：10	−22	58	314
14	氧化铝	1：8	30	500	4	1：15	16	56	134
15	不锈钢	1：2	60	700	6	1：5	0	210	434
16	氧化锆	1：8	60	700	4	1：10	−24	24	258
17	氧化铝	1：2	90	300	6	1：15	14	110	282
18	不锈钢	1：2	30	500	8	1：5	100	178	346

注：A：研磨剂种类，B：研磨剂/固废质量比，C：温度/℃，D：转速/(r·min⁻¹)，E：CO₂分压/bar，F：固液比。负值代表试验组的矿化量小于空白对照组的数值

由表 2.3 可以看到，在以同步研磨的方式进行矿化试验时，不同条件下的矿化效果差距极大，特别是在使用钢渣作为原料时，多个试验组出现了"负矿化"的情况，即加入固废及研磨剂后，CO₂吸收量反而不如仅加入蒸馏水的对照组大。这是由于研磨剂的加入影响了颗粒在悬浮液中的分散，使得固废悬浮液过于黏稠，且研磨介质过多也会降低 CO₂与固废颗粒的接触面积，从而导致 CO₂矿化量大大降低。

（2）极差分析

极差分析可以同时测量和优化多个变量，不仅能研究多个因素的变化响应，还能有效识别影响实验结果的最重要变量。K_i代表某种因素所对应第 i 个水平的实验结果指标的均值，R_i反映的是某项因素对试验结果的影响程度，数值越大代表该因素对结果的影响程度越大。在本实验中，R 的具体数值计算见公式 2.3。

$$R_i = \max(K_1, K_2, K_3) - \min(K_1, K_2, K_3) \tag{2.3}$$

均值（K_i）能直观地反映出每个因素对应的试验结果的水平区间，通过对图 2.3（b）、(c)、(d) 中每个因素的具体 K_i 值大小进行对比，可以判断某因素的最优水平与其他因素的水平组合，从而确定出 CO₂矿化量最高的试验条件组合。图 2.3（a）为三种固废中各因素的 R 值折线图，图 2.3（b）、(c)、(d) 则分别为钢渣、赤泥和电石渣实验中所有因素的均值 K_i。对钢渣而言，各因素对矿化量的影响顺序为：CO₂分压＞温度＞研磨剂种类＞转速＞研磨剂/固废质量比＞固液比；对赤泥而言，各因素对矿化量的影响顺序为：CO₂分压＞固液比＞温度＞转速＞研磨剂种类＞研磨剂/固废质量比；对电石渣而言，各因素对矿化量的影响顺序为：CO₂分压＞温度＞固液比＞转速＞研磨剂/固废质量比＞研磨剂种类。对图 2.3（a）中 A（研磨剂种类）项的极差数值的纵向对比可知，三种固废受研磨剂

影响程度的大小为钢渣＞赤泥＞电石渣,这一规律与固废的 Si 元素含量一致。

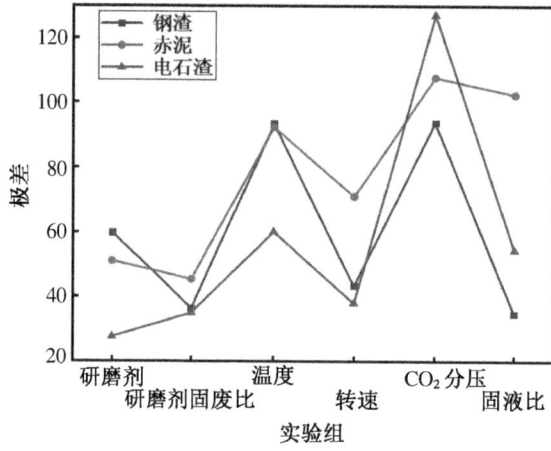

（a）极差分析结果

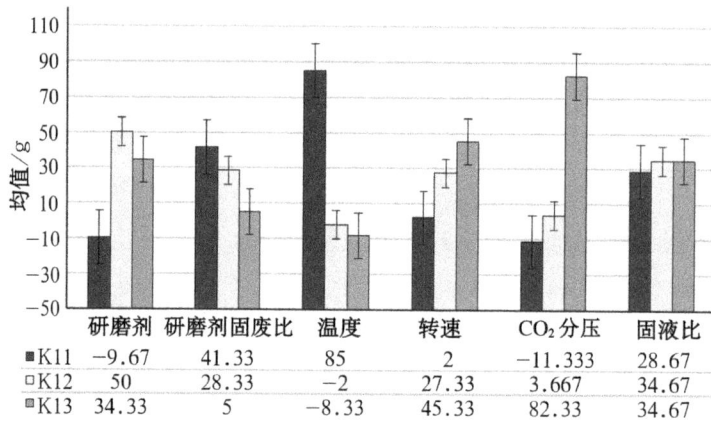

	研磨剂	研磨剂固废比	温度	转速	CO_2 分压	固液比
K11	−9.67	41.33	85	2	−11.333	28.67
K12	50	28.33	−2	27.33	3.667	34.67
K13	34.33	5	−8.33	45.33	82.33	34.67

（b）钢渣

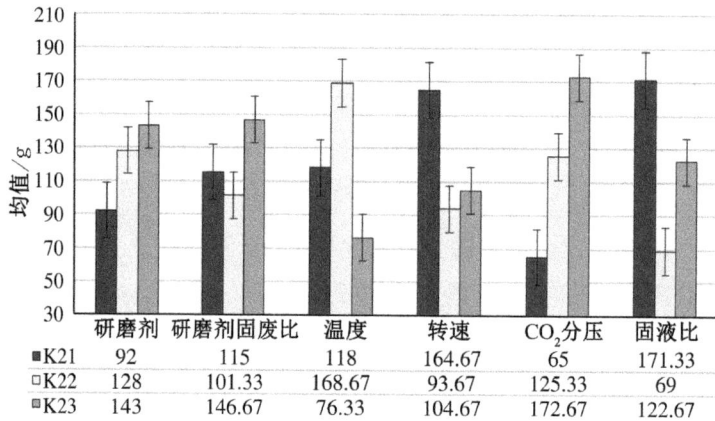

	研磨剂	研磨剂固废比	温度	转速	CO_2 分压	固液比
K21	92	115	118	164.67	65	171.33
K22	128	101.33	168.67	93.67	125.33	69
K23	143	146.67	76.33	104.67	172.67	122.67

（c）赤泥

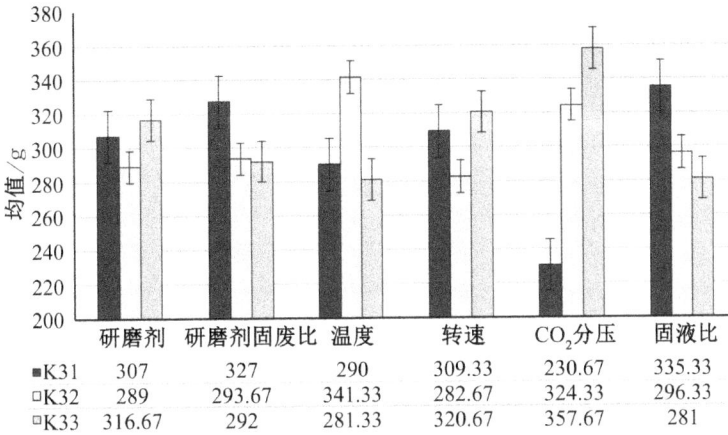

（d）电石渣的矿化量均值

图 2.3　各因素对矿化量的影响分析

	研磨剂	研磨剂固废比	温度	转速	CO$_2$分压	固液比
■K31	307	327	290	309.33	230.67	335.33
□K32	289	293.67	341.33	282.67	324.33	296.33
□K33	316.67	292	281.33	320.67	357.67	281

（3）方差分析

为了进一步确认试验结果究竟是由于因素水平的改变引起的还是来源于误差，对正交试验结果进行了方差分析（Analysis of Variance，ANOVA），分析结果见表 2.4、表 2.5 和表 2.6。其中，F 值越大，意味着该因素对试验结果的影响越显著。F_a 代表 F 临界值，可从 F 值表中检索得出。当 $F > F_{a=0.05}$ 时，该因素被认为对矿化量的变化具有关键影响；当 $F_{a=0.1} < F < F_{a=0.05}$ 时，该因素被认为对矿化量的变化具有重要影响；当 $F_{a=0.25} < F < F_{a=0.1}$ 时，该因素被认为对矿化量的变化具有次要影响；当 $F < F_{a=0.25}$ 时，该因素对实验结果影响极小。

表 2.4　钢渣实验组方差分析

组别	偏差平方和	自由度	F	F_a	显著性等级
A	11 483	2	0.863	$F_{0.25} - 1.53$	
B	4 067	2	0.306	$F_{0.1} = 2.73$	
C	32 640	2	2.454	$F_{0.05} = 3.74$	*
D	5 687	2	0.428		
E	30 373	2	2.284		*
F	1 761	2	0.132		
误差	93 096	12			

注：A：研磨剂种类，B：研磨剂/固废质量比，C：温度/℃，D：转速/(r·min^{-1})，E：CO$_2$分压/bar，F：固液比。

表 2.5　赤泥实验组方差分析

组别	偏差平方和	自由度	F	F_a	显著性等级
A	8 244	2	0.456	$F_{0.25} = 1.53$	
B	6 489	2	0.359	$F_{0.1} = 2.73$	
C	25 657	2	1.420	$F_{0.05} = 3.74$	
D	17 524	2	0.970		
E	34 945	2	1.935		*
F	31 441	2	1.741		*
误差	126 438	12			

注：A：研磨剂种类，B：研磨剂/固废质量比，C：温度/℃，D：转速/(r·min^{-1})，E：CO_2 分压/bar，F：固液比。

表 2.6　电石渣实验组方差分析

组别	偏差平方和	自由度	F	F_a	显著性等级
A	2 365	2	0.192	$F_{0.25} = 1.53$	
B	4 677	2	0.380	$F_{0.1} = 2.73$	
C	12 620	2	1.025	$F_{0.05} = 3.74$	
D	4 567	2	0.371		
E	52 027	2	4.227		* * *
F	9 416	2	0.765		
误差	86 167	12			

注：A：研磨剂种类，B：研磨剂/固废质量比，C：温度/℃，D：转速/(r·min^{-1})，E：CO_2 分压/bar，F：固液比。

（4）最佳实验条件

通过表 2.4、表 2.5 和表 2.6 中各项因素的 F 值和显著性可以看出，CO_2 分压是对试验结果影响程度最大的一个因素，特别是对于电石渣的矿化起到了关键作用（$F >$ $F_{0.05}$）。对另外两种固废而言，CO_2 分压也起到了重要作用。由图 2.3 中 CO_2 分压均值数据可知，三种固废的试验结果均显示初始 CO_2 分压越大，CO_2 矿化量越高。三种固废的最佳 CO_2 分压为 8 bar。通过对比温度可知，在较低 CO_2 分压的条件（≤8 bar）下，温度的上升并不能显著提升碱性固废的矿化量，特别是对于钢渣，温度提高对矿化效果的抑制作用远远大于促进作用。在 60 ℃ 和 90 ℃ 的条件下，最高矿化量仅有 0.08 g。温度对钢渣的矿化结果起到重要作用，最佳试验温度为 30 ℃。对电石渣和赤泥矿化效果影响较小，最佳试验温度为 60 ℃。

钢渣的最佳研磨剂类型是氧化铝，赤泥和电石渣的最佳研磨剂类型是不锈钢。氧化铝在三种研磨介质中具有最高的硬度，而不锈钢则具有最高的密度。推测研磨剂对不同试验原料的作用效果不同,这可能与三种固废颗粒的性质差异有关:钢渣颗粒较为坚硬且表面更光滑,赤泥和电石渣的颗粒硬度较低且表面更加粗糙。

固液比对赤泥的矿化效果起到重要作用,对钢渣与电石渣的矿化效果影响不显著。赤泥和电石渣的最佳固液比为1∶10,钢渣试验中,固液比为1∶10和1∶15时效果相同,考虑到成本,选用1∶10作为最佳固液比。研磨剂/固废质量比和转速对试验结果的影响较小。钢渣和电石渣的最佳研磨剂/固废质量比是1∶2,赤泥的最佳研磨剂/固废质量比是1∶8。钢渣和电石渣矿化试验的最佳转速为700 r·min^{-1},赤泥的最佳转速为300 r·min^{-1}。

2.1.5　天然廉价矿物颗粒同步研磨矿化

(1) 天然矿物颗粒研磨介质的筛选

目前同步研磨采用的研磨介质均为精加工的球形金属化合物,成本高昂,难以实现大规模应用。欲实现同步研磨矿化的工业化应用,降低成本是关键。因此,选取沙粒、花岗岩和石灰石三种物理性质与常规研磨剂相似的天然矿物质颗粒,替代昂贵的球形金属氧化物作为研磨介质进行矿化实验,对比矿化效果并分析差异原因,以促进同步研磨方法的实际应用。前文中使用的球形金属化合物研磨剂直径均为1 mm,因此对购买的材料使用14目和18目的筛子进行筛选,筛选出颗粒大小为880～1 180 μm的材料用于后续实验。天然研磨介质及与精加工球形研磨介质的价格对比见表2.7,可以看到采用天然矿物质颗粒相比精加工球形金属化合物,成本的降低幅度高达83%～93%。

表 2.7　研磨介质价格

介质类型	研磨介质名称	单价/(元/kg)
精加工球形金属化合物	氧化锆	180
精加工球形金属化合物	氧化铝	55
精加工球形金属化合物	不锈钢	97.6
天然矿物	沙粒	4.9
天然矿物	花岗岩	9
天然矿物	石灰石	7

(2) 研磨介质的物理性质

使用如图2.4所示的FM-700/SVDM-4R型自动显微硬度仪(日本Future-Tech公司生产)对天然矿物的维氏硬度进行测量。使用仪器前,需对颗粒进行镶嵌处理。先将大约十几个清洗干净并干燥好的矿物颗粒放入镶嵌模具中,随后制备镶嵌剂,将环氧树脂和固化剂以5∶4的比例混合,并用玻璃棒搅拌均匀后,缓慢浇筑进模具中,放置在干燥通风处约30～40 min,待镶嵌剂完全固化之后脱模得到样品。使用砂纸对样品进行打磨和抛光,并将样品切成约 2 cm 左右的薄片以备测试用。

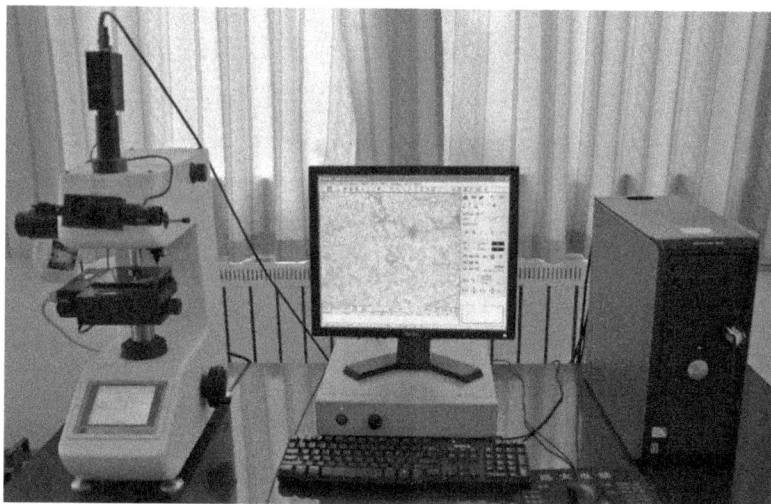

图 2.4　FM-700/SVDM-4R 型自动显微硬度仪

六种研磨介质的密度及维氏硬度见表 2.8。

表 2.8　六种研磨介质的密度及维氏硬度

研磨介质	密度/(g/cm³)	维氏硬度/HV
沙粒	2.5	1 256
花岗岩	3	930
石灰石	2.8	826
氧化锆	6	1 446
氧化铝	3.9	1 250
不锈钢	7.8	865

由表 2.8 可以看出三种天然研磨介质的密度均较小,在 3 g/cm³ 及以下。沙粒的维氏硬度最大,为 1 256 HV,而花岗岩和石灰石的维氏硬度相对较低,分别为 930 HV 和 826 HV。在球形金属化合物研磨介质中,氧化铝的密度最小,仅为 3.9 g/cm³,与天然研磨介质最为接近。不锈钢的硬度最小,低于天然矿物中的沙粒和花岗岩,与石灰石接近。

（3）天然矿物质颗粒同步研磨试验方法

采用 2.1.4 节中得到的最佳实验条件,仅将研磨剂种类改为三种天然研磨剂,进行单因素实验,实验条件设置如表 2.9 所示。首先称取 5 g 干燥 12 h 的固废,与定量蒸馏水混合并搅拌,配置成混合浆液并倒入反应釜;再加入一定质量的研磨剂,关闭并密封反应釜,设置好温度;然后打开与反应釜入水口相连接的水龙头,通过加热装置及水流大小共同控制釜内温度。当温度到达设定值后,打开反应釜的进气口和出气口,随后快速打开 CO_2 气瓶阀门,通气 1 min 排出釜内空气后关闭反应釜出气口,持续通气使初始压力稳定在设定值后,依次关闭进气口和气瓶阀门,并设定好转速、和反应时间,开始进行试验。

表 2.9 实验条件

固废种类	研磨剂固废质量比	温度/℃	CO_2 分压/bar	转速/(r·min⁻¹)	固液比
钢渣	1∶2	30	8	700	1∶10
赤泥	1∶8	60	8	300	1∶10
电石渣	1∶2	60	8	700	1∶10

（4）试验结果

在对三种不同固废使用三种天然矿物作为研磨介质进行的同步研磨矿化实验中,使用石灰石作为研磨介质时的单位矿化量均为最高。钢渣实验组中使用沙粒作为研磨介质的矿化效果大于花岗岩;电石渣实验组中则是花岗岩的效果大于沙粒。在赤泥实验中,沙粒和花岗岩两种研磨介质对实验结果的影响相同。由于天然矿物的颗粒并不均匀,难以充分研磨,因此矿化量出现了一些下降。但钢渣、赤泥和电石渣的矿化量仍分别达到了 57.8 g CO_2/kg ASW、123 g CO_2/kg ASW 和 203 g CO_2/kg ASW(图 2.5),证明了天然矿物质颗粒取代球形金属化合物研磨介质的可行性。电石渣矿化固定 CO_2 的能力受研磨剂变化的影响程度最小,这一结论与第二章中得到的研磨剂类型对固废固碳能力影响程度的规律相符合。

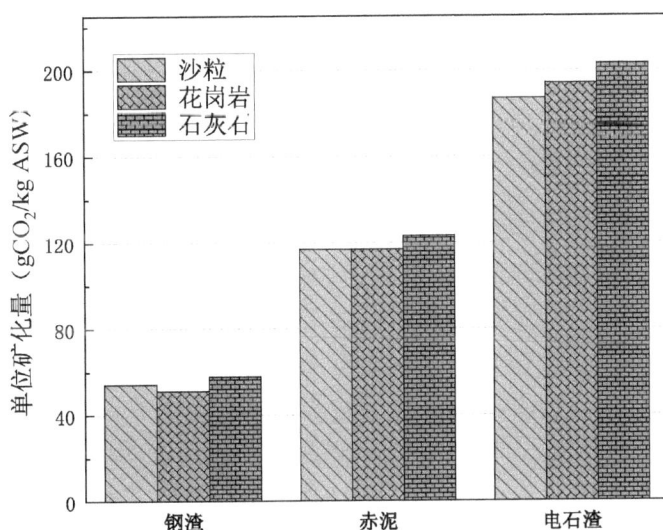

图 2.5 使用三种天然矿物质颗粒作为研磨介质的矿化试验结果

2.2 同步研磨提效机制

2.2.1 矿化过程富硅层的形成

矿化过程中富硅层的形成机制最早在天然矿物碳化实验中被揭示,当前研究仍主要集中于天然矿物体系,而对碱性固废原料矿化过程中是否产生类似结构尚未形成系统认知。研究表明,含硅钝化层的生成、破裂与剥离过程对碳化反应动力学具有调控作用,其中碳酸化效率主要受控于反应界面的局部更新能力与孔隙结构的空间异质性特征。关于富硅层的形成机理,现有理论认为其源于镁硅元素的选择性溶出与硅质再析出的动态过程。值得关注的是,当采用二氧化碳分压摆动法调控体系 pH 时,固体碳酸盐相的生成会使硅质钝化层的演化机制更为复杂。实验证实,移除限制传质的 SiO_2 表层以暴露内部镁质活性层是促进矿物持续溶解的关键,目前提出的强化手段包括机械研磨、超声破碎、声波震荡及微波处理等物理干预方法。采用不同粒径的氧化锆和氧化铝介质在 20 bar、180 ℃ 条件下进行 24 h 同步研磨碳化反应,可获得 80% 橄榄石转化率。值得注意的是,同步研磨强化技术作为矿化固碳领域的新兴方向,其增效机制尚未完全阐明,亟需通过系统研究建立工艺参数与反应动力学的定量关系,为开发经济可行的工业化方案提供理论支撑。

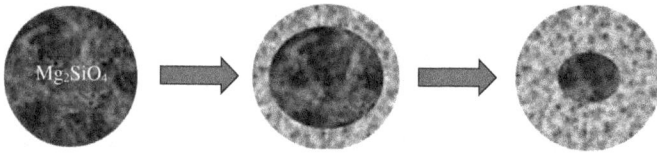

图 2.6 天然矿物碳酸化过程中富硅层形成示意图

2.2.2 固废颗粒粒度分析

为了进一步研究同步研磨的作用机理,分别对三种固废原样和每种固废试验组中最具代表性的四个试验组进行进一步分析。运用图 2.7 所示的激光粒度分析仪(荷兰 Ambivaule 公司生产)对固废的粒度进行测试。测试前首先将粉末样品以适当浓度分散在分散单元中配制成悬浮液,然后放置在粒度分析仪的光学分析台上,通过磁力搅拌装置打散结块的颗粒团聚体,防止颗粒在干燥过程中结块造成分析误差。通过光学台从该样品中捕获散射图案,并分析得到粒度分布数据,重复三次取其平均值,将该平均值作为样品最终的粒度分布数据。

(1)钢渣

选取两组低矿化量试验组样品(试验组 1、试验组 9)和两组高矿化量试验组样品(试

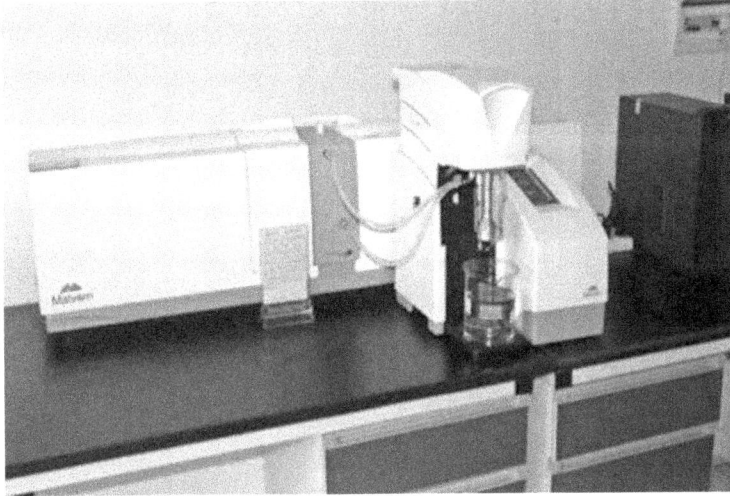

图 2.7　Eyetech 型激光粒度分析仪

验组 11、试验组 18)进行粒度分析。由图 2.8 可知,同步研磨矿化试验组产生了大量的细颗粒,固废颗粒的平均粒度明显减小,粒度峰值显著降低。可以看到试验组 11,与其他试验组相比,研磨效果最为突出,大颗粒已经被破碎殆尽,所有颗粒都被降低到了 100 μm 以下,50 μm 以下的小颗粒占颗粒总数的 70% 以上。其次是试验组 18,该组大颗粒占比较少,80% 的颗粒降低到了 100 μm 以下。试验组 1 和试验组 9 的研磨效果最差,相对于钢渣原样,粒度变化程度不大。从粒度分析结果与矿化试验结果的比较可以看出,钢渣试验的矿化量与研磨效果密切相关,研磨效果越好,矿化效果就越好。

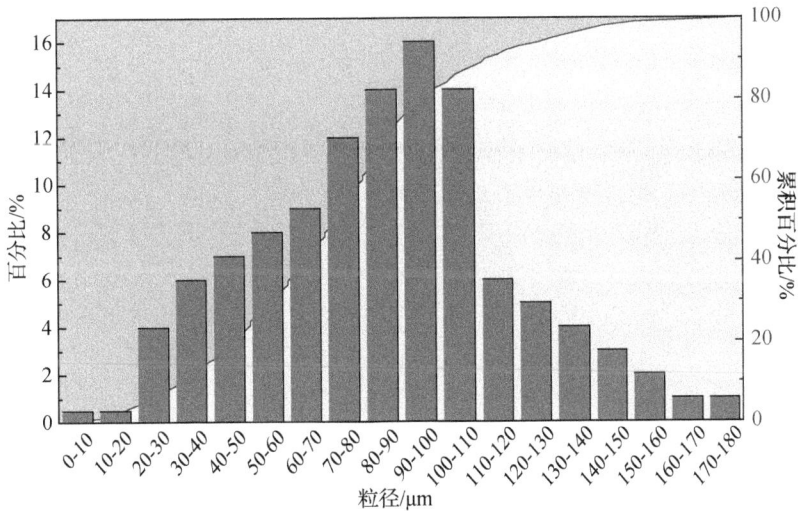

(a) 原样

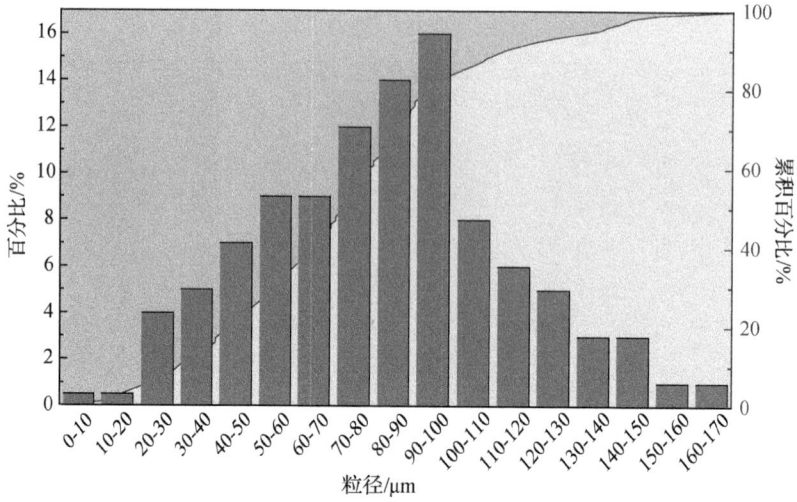

（b）试验组 1

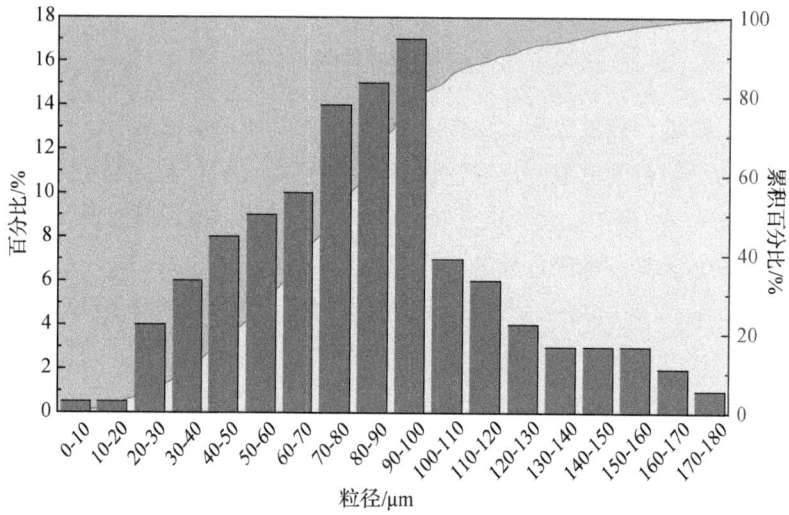

（c）试验组 9

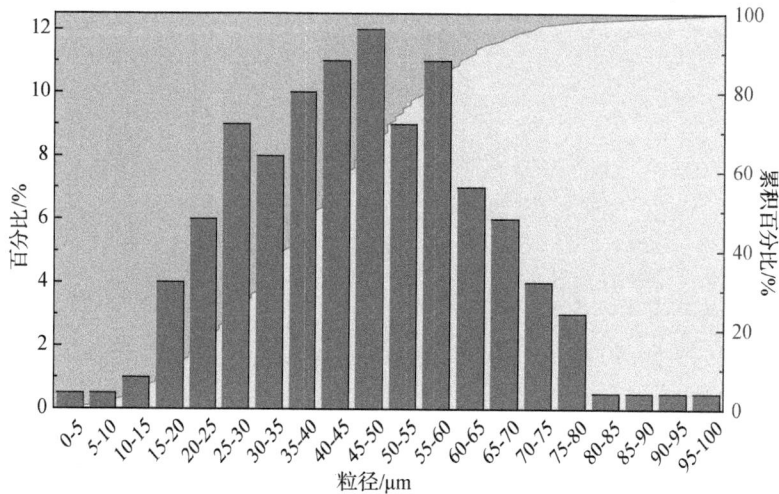

（d）试验组 11

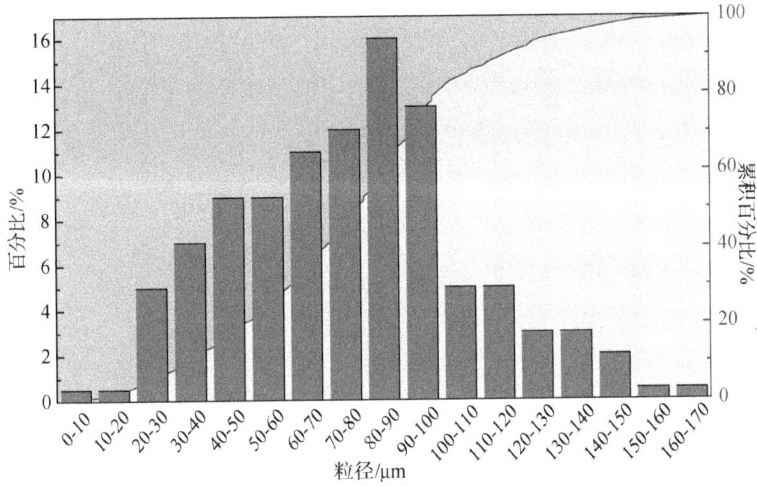

（e）试验组 18

图 2.8　钢渣粒度分布

（2）赤泥

对赤泥原样和两组低矿化量试验组样品（试验组 9、试验组 16）以及两组高矿化量试验组样品（试验组 8、试验组 15）进行粒度分析。从图 2.9 可以看出，与钢渣相比，赤泥具有粒度分布不集中，大颗粒和小颗粒均相对较多的特点。经过同步研磨矿化试验后，试验组 15 是研磨效果最好的试验组，绝大部分颗粒的粒径降低到了 70 μm 以下，但粒度分布仍然相对比较平均，在 80～120 μm 的区间也有大量颗粒存在。其次是试验组 9，该组粒径大于 80 μm 的颗粒相对试验组 15 占比较大，也具有粒度分布相对均匀的特点。而试验组 8 与试验组 16 粒度分布虽然相对集中，但粒度峰值集中在 70～80 μm 之间，仍大于试验组 9 和试验组 15 的均值，并且存在大量粒径大于 140 μm 的大颗粒。赤泥试验组的矿化量与研磨效果也有直观联系，研磨效果越好，矿化效果就越好，但与钢渣相比，粒度差异不够明显。

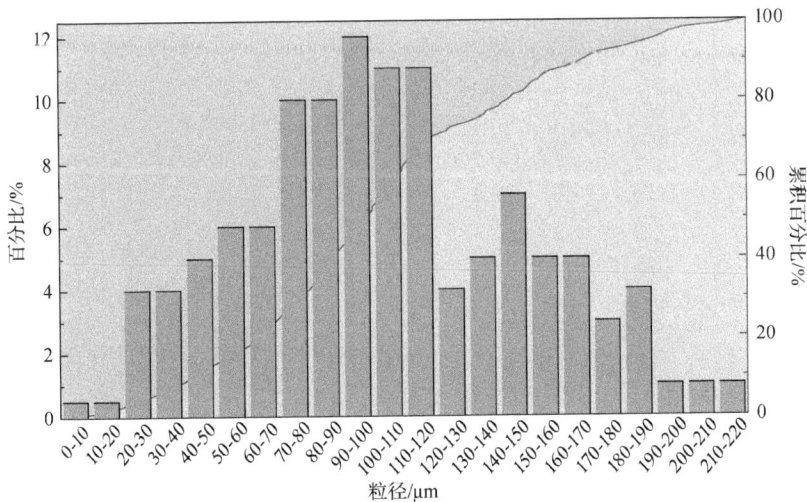

（a）原样

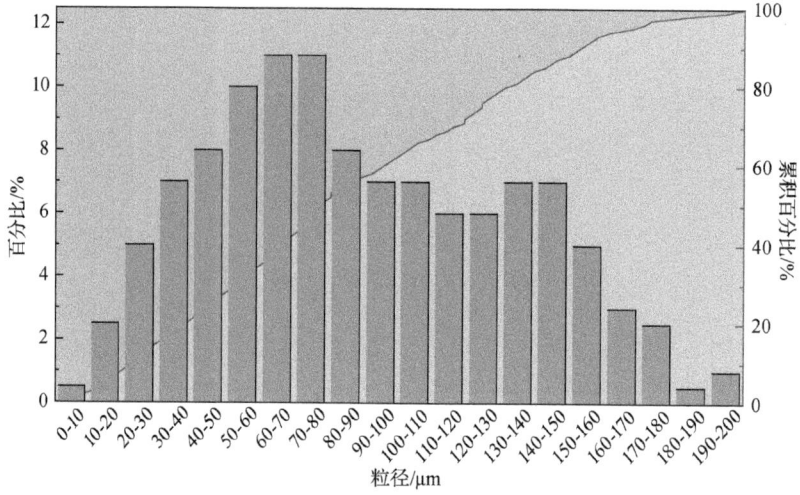

（b）试验组 8

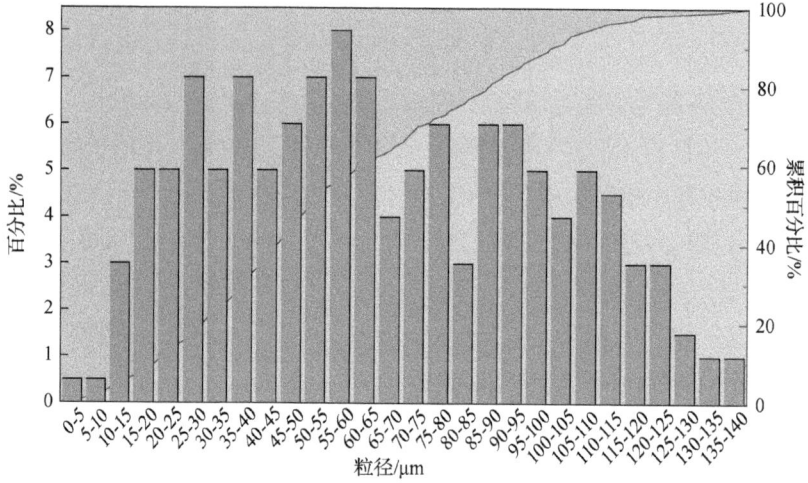

（c）试验组 9

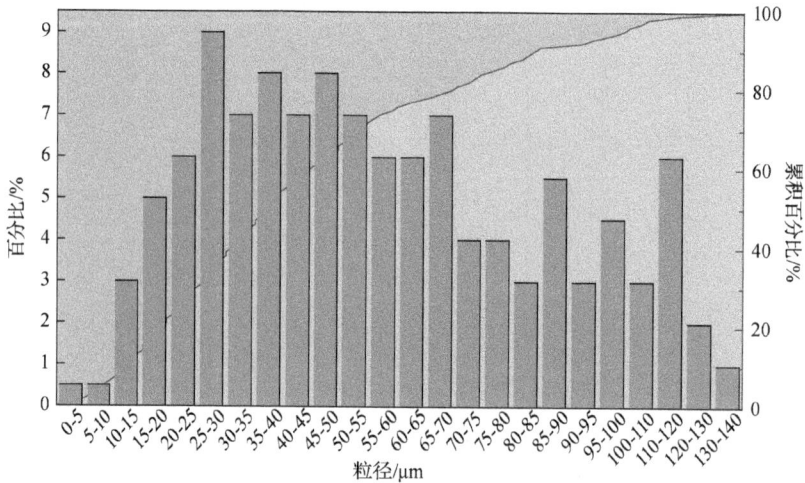

（d）试验组 15

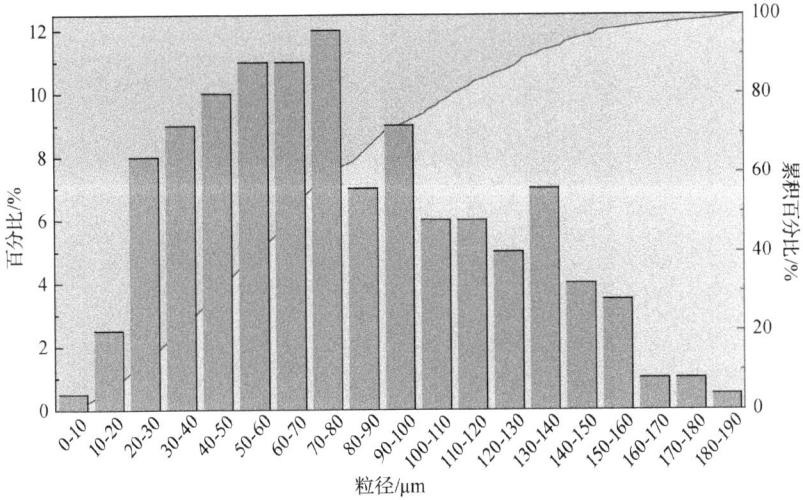

(e) 试验组 16

图 2.9 赤泥粒度分布

(3) 电石渣

对电石渣原样和两组低矿化量试验组样品(试验组 5、试验组 14)以及两组高矿化量试验组样品(试验组 8、试验组 15)进行粒度分析。图 2.10 的粒度分析结果表明,试验组 5 的电石渣在参与同步研磨矿化试验后的粒度变化最显著,所有颗粒均被破碎至 100 μm 以下。其次是试验组 14 和试验组 15,这两组的颗粒大部分降低到 100 μm 以下,且大颗粒数量显著减少。试验组 8 的研磨效果最差,相比未进行试验的电石渣颗粒无显著粒度变化。在与矿化试验结果对比之后发现,研磨效果最好的试验组 5 却是矿化效果最差的一组,而研磨效果最差的试验组 8 则是 CO_2 矿化量最高的一组之一。电石渣组试验的 CO_2 矿化量与研磨效果无明显联系,甚至在试验组 5 和试验组 8 中,研磨效果与试验矿化量产生了完全相反的情况。

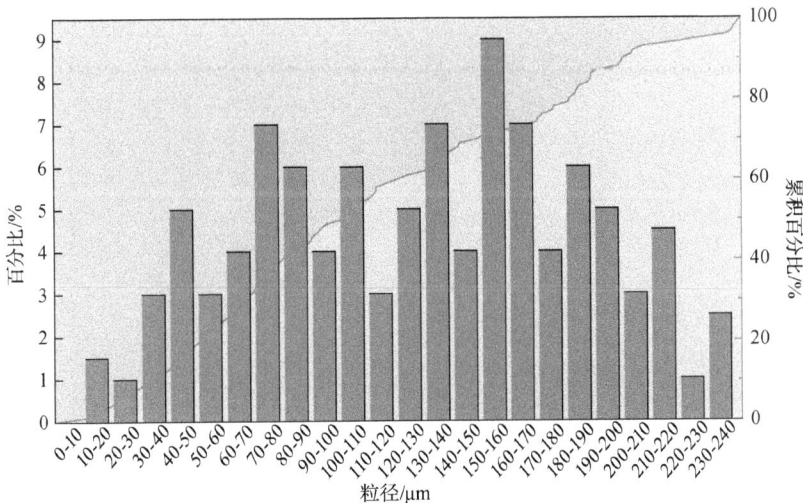

(a) 原样

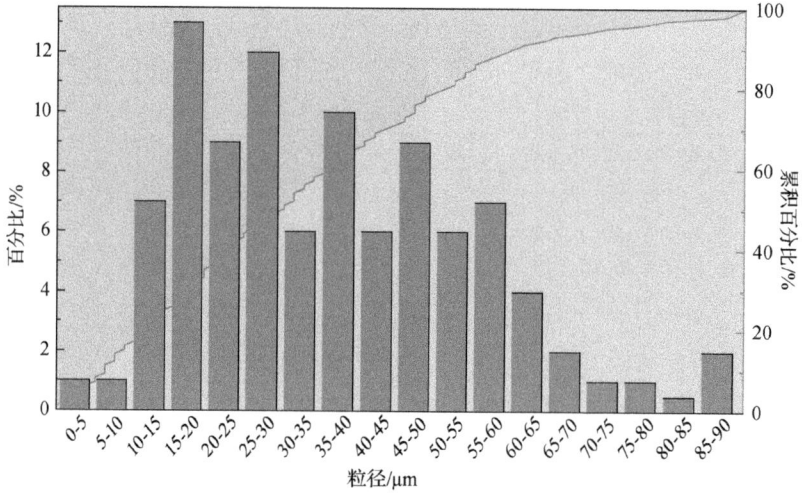

（b）试验组 5

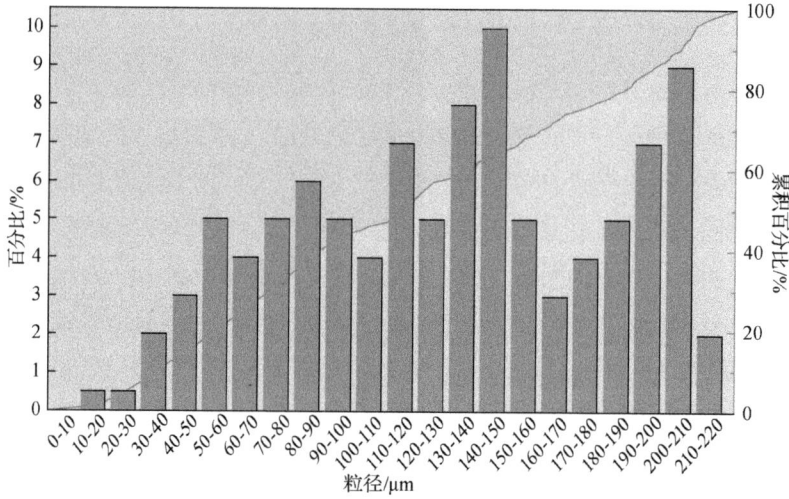

（c）试验组 8

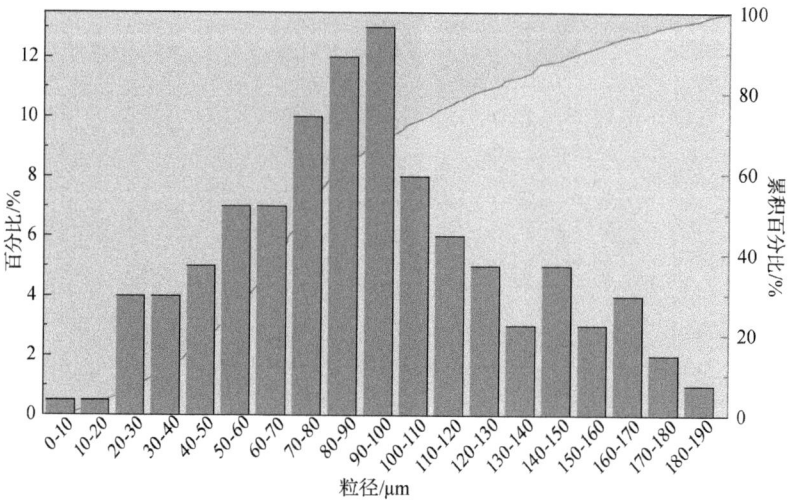

（d）试验组 14

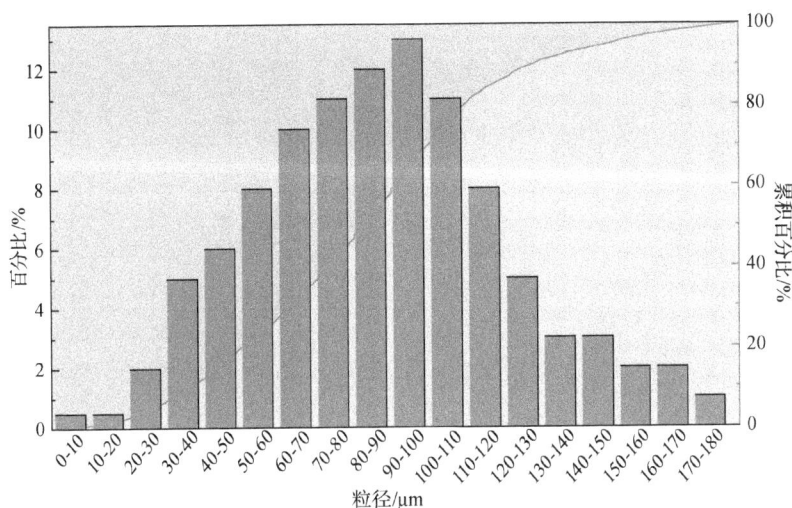

（e）试验组 15

图 2.10　电石渣粒度分布

2.2.3　研磨介质作用机制

（1）固废颗粒的微观形貌及元素分布

使用扫描电子显微镜（FEI，Apreo S HiVac）对固废原样和最具代表性的碳酸化样品的表面微观形貌进行检测。检测时，先将样品固定在双面导电碳胶带上，再将其粘在铝制样品柱上，然后对样品进行喷金处理。操作条件为电压 15 kV，电流 50 pA，电子束角度为 90°。此外，使用与 SEM 配套的能谱分析仪（EDS）测定固废原样和碳酸化后的样品元素分布，结合上节中粒度分析的结果，确定富硅层的形成与破除机制。

（2）钢渣参照实验

由正交实验结果及粒度分布可以发现，钢渣的 CO_2 矿化量在三种固废中受研磨介质的影响最大。因此，为了更直观地观察富硅层的形成情况，并验证研磨剂对固废矿化 CO_2 的促进效果，以钢渣为原料，在不加入研磨介质且其他参数与正交试验组 11 的条件完全一致的情况下进行一组参考试验，以研究矿化反应颗粒外围硅富集特性。参考试验的钢渣单位矿化量为 54.47 g CO_2/kg SS，而正交试验组 11 的单位矿化量则达到了 192 g CO_2/kg SS。对两种矿化试验后的颗粒进行 SEM-EDS 分析，用绿色标记 Si 元素，红色标记 Ca 元素，参考试验的结果如图 2.11（a）所示（具体见彩图二维码链接图）。平面上 Ca 和 Si 的占比分别约为 68% 和 32%（仅对 Ca、Si 两种元素进行 EDS 检测）。在颗粒的不同位置，两种元素的分布极不均匀。反应颗粒边缘的点位（点 1、2、3）Si 元素的含量占比可达 40%~65%，而内部点位（点 4、5）的 Si 元素含量仅有 17% 和 30%，颗粒边缘的 Si 含量有明显提升，这表明在矿化反应过程中，Si 元素发生了聚集从而形成了富硅基团。图 2.11（b）为对钢渣试验组 11 的 SEM-EDS 分析，该平面上 Ca 和 Si 的占比约为 89% 和

element	a-1(wt%)	a-2(wt%)	a-3(wt%)	a-4(wt%)	a-5(wt%)
Ca	34.59	52	58.73	82.07	68.88
Si	65.41	48	41.27	17.93	31.12

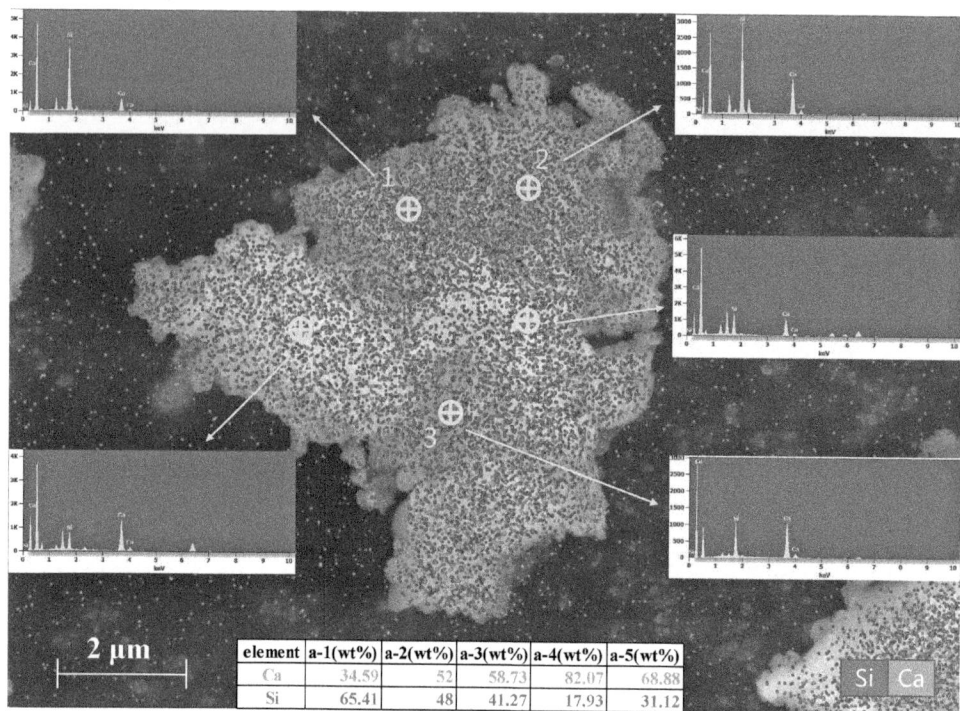

（a）参考实验中无研磨介质的反应颗粒

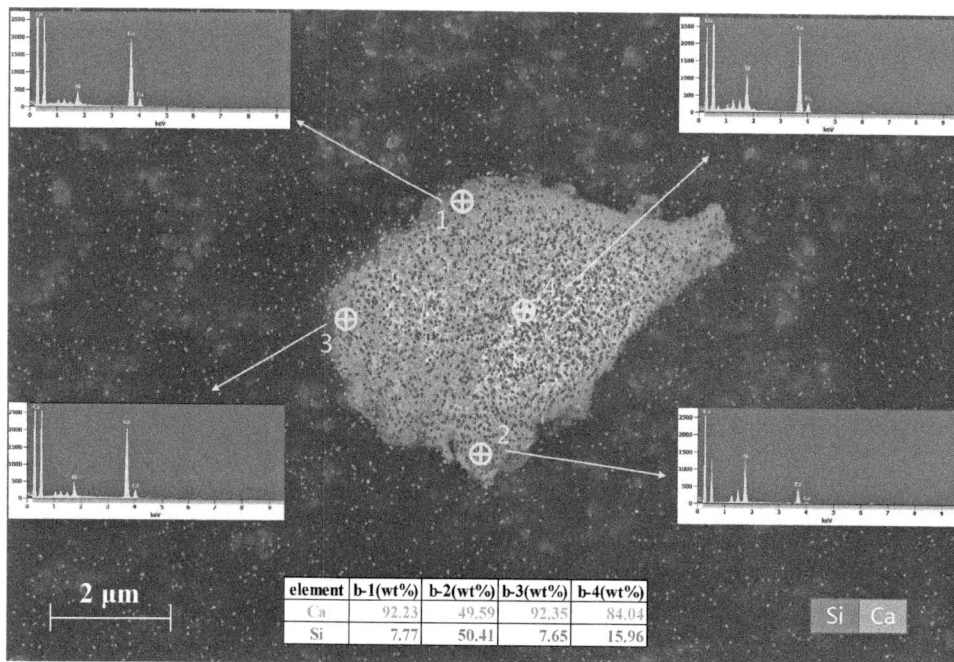

element	b-1(wt%)	b-2(wt%)	b-3(wt%)	b-4(wt%)
Ca	92.23	49.59	92.35	84.04
Si	7.77	50.41	7.65	15.96

（b）扫描电子显微镜-电子能谱分析（SEM-EDS）

彩图二维码
链接

图 2.11　第 11 组同时进行的研磨实验中的颗粒

11%。由图可明显看出颗粒的 Ca、Si 元素分布相对均匀了许多,仅边缘的点两处有一些硅元素富集,而其他三个点位,无论是中心(点 4),还是边缘(点 1、3),Si 元素的含量都没有明显提高。在参考试验的颗粒边缘位置明显观察到富硅基团,而在同步研磨试验中产生的反应颗粒周围没有观察到富硅集团。推测可能是由于矿化反应过程中形成的富硅基团在同步研磨矿化试验中被剥落,或者大颗粒整体在同步研磨试验过程中被破碎成多个小颗粒。图 2.11(b) 中的颗粒是其中钙含量较高的一个,SEM-EDS 分析与该对照试验组的矿化试验结果一致,硅富集外壳被明显破坏的试验组 11 的矿化量可以达到对照试验矿化量的 3.5 倍。

(3) 正交实验组里的富硅层变化

选择每组固废中粒度差距最大的两个样品的颗粒(钢渣的试验组 11、18,赤泥的试验组 9、15,电石渣的试验组 8、14)进行 SEM-EDS 分析。在钢渣高矿化量的两个试验组[图 2.12(a),图 2.12 (b)]中观察到大量硅含量显著高于钢渣原样的小颗粒,推测这些小颗粒是富硅钝化层外壳被研磨破碎后形成的。在赤泥的试验组 15 中的 SEM-EDS 分析中[图 2.12 (c)]则明显观察到富硅外壳与中部颗粒分离的现象:中部存在一个钙含量较高的颗粒,而周围则是三个硅含量高的小颗粒。这是富硅层在研磨过程中被剥落的直观证据。而在电石渣的几个试验组[图 2.12 (d),图 2.12 (e)]中则未能观察到富硅外壳的形成,这是由于电石渣中的 Si 元素含量过低,导致富硅外壳无法在电石渣的碳酸化试验过程中形成。对于电石渣颗粒,没有破除富硅层的作用效果,研磨仅仅是改变了反应颗粒的粒度,对 CO_2 的矿化量影响很小。

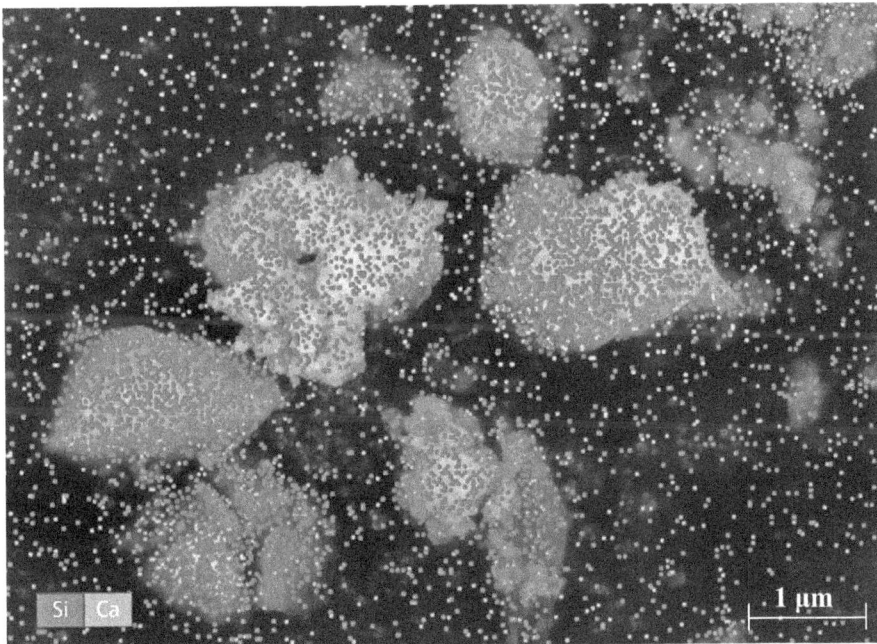

(a) 第 11 组钢渣

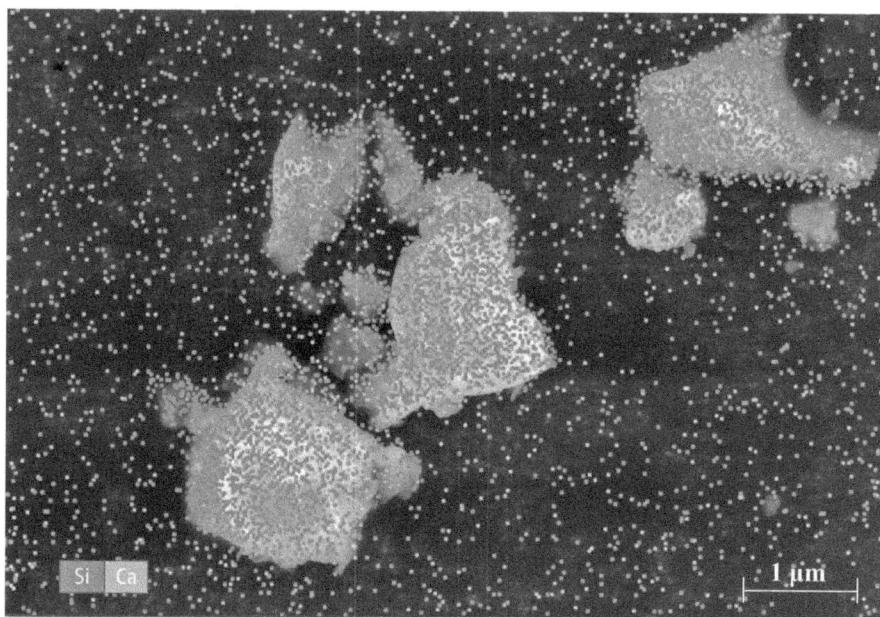

（b）第 18 组钢渣

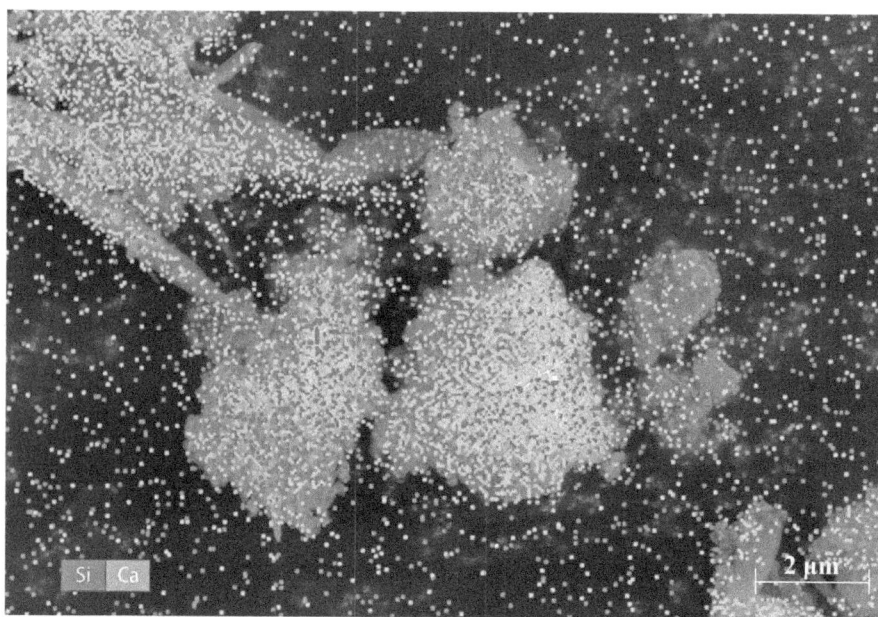

（c）第 15 组赤泥

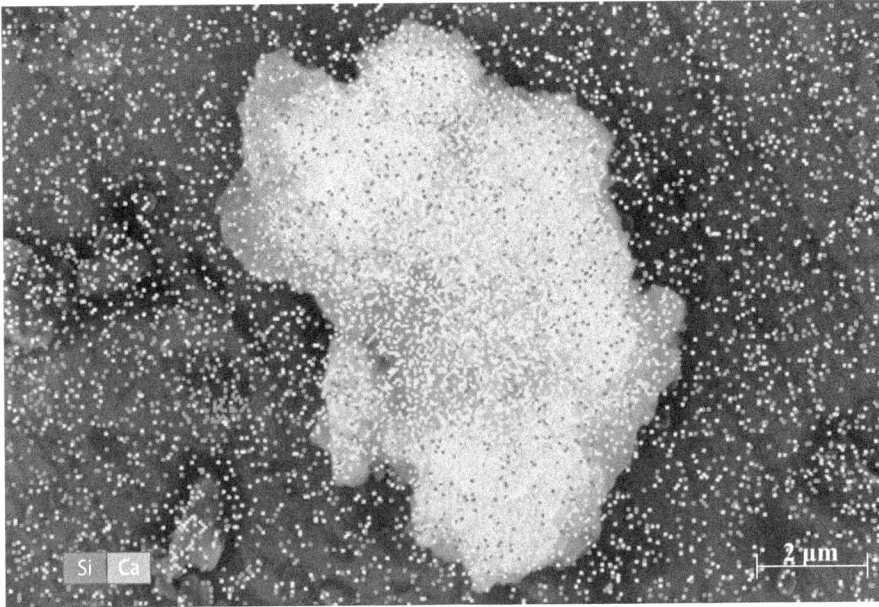

（d）第 8 组电石渣

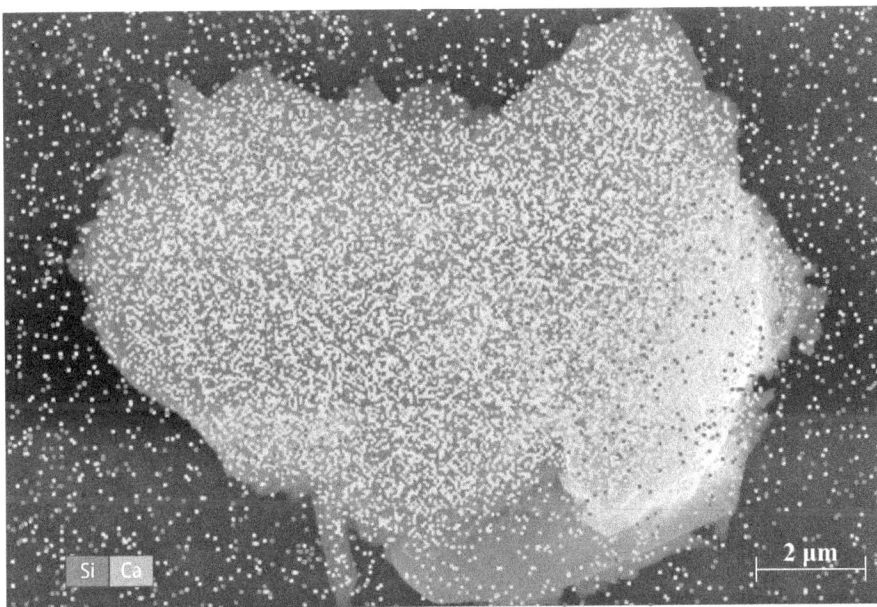

（e）第 14 组电石渣

图 2.12　同步研磨实验中小颗粒的 EDS 分析

彩图二维码
链接

2.3　恒压-连续进料反应器中电石渣矿化固碳特性

反应器的优化设计是实现高效矿化固碳的重要环节。通过实验分析和CFD数值模拟,研究搅拌装置长径比、叶片倾角、间距和直径等装置参数,以及搅拌速度、压力、固液比、浆液进入速度等工艺参数对电石渣矿化CO_2及其过程反应热提取性能的影响。

2.3.1　恒压密闭反应釜中矿化固碳实验

实验前将实验所使用的电石渣粉末在1 000 ℃温度下进行煅烧,除去原电石渣与空气接触所生成的$CaCO_3$。采用SLM-T250恒压密闭反应釜(有保温内衬),在固定温度与不同的恒定转速(用A表示)、压力(用B表示)、固液比(用C表示)的条件下进行正交实验,正交试验梯度如表2.10所示。

称取10 g干燥好的电石渣与90 ml蒸馏水,配置成电石渣浆液,并倒入反应釜中进行密封,同时关闭加热装置,调节转速为600 rpm,并在铜制U形管中充满25 ℃的水,快速打开CO_2气瓶阀门,使进气压力达到0.6 MPa,并维持在0.6 MPa,同时记录反应时间。当反应4 h后,再次测量铜制U形管内水温以测试反应热的提取情况,并取釜内浆液在105 ℃的烘箱内干燥24 h。将干燥后的电石渣矿化CO_2的材料研磨均匀后待用,通过热重分析仪测定材料的失重曲线。

表 2.10　正交试验梯度

因素	水平		
A /(r·min^{-1})	200	400	600
B /MPa	0.2	0.4	0.6
C	1∶8	1∶10	1∶12

利用Mettler TGA2热重分析仪测定材料在30~1 000 ℃范围内的质量失重率。如图2.13所示,失重曲线主要分为三个阶段:第一阶段是在30~105 ℃范围内是材料在干燥过程中的质量损失,此时的重量为材料的重量($m_{105℃}$,单位 mg);第二阶段是在105~600 ℃期间结合水和氢氧化物分解后的重量损失($\Delta m_{105~600℃}$,单位 mg);第三阶段是在600~950 ℃期间$CaCO_3$分解带来的重量损失($\Delta m_{600~950℃}$,单位 mg)。参与矿化反应的$Ca(OH)_2$物质的量$N_{Ca(OH)_2}$和生成的$CaCO_3$的物质的量N_{CaCO_3}根据式(2.4—2.6)计算,矿化程度x根据式(2.6)计算:

$$N_{Ca(OH)_2} = \frac{(m_{600℃} - m_{950℃})}{M_{CO_2}} \times 74 \tag{2.4}$$

$$N_{CaCO_3} = \frac{(m_{600℃} - m_{950℃})}{M_{CO_2}} \times 100 \tag{2.5}$$

$$x = \frac{N_{Ca(OH)_2}}{m_{105℃} + N_{Ca(OH)_2} - N_{CaCO_3}} \times 100 \tag{2.6}$$

其中 M_{CO_2} 表示 CO_2 的摩尔分数；$m_{105℃}$，$m_{600℃}$ 和 $m_{950℃}$ 分别表示热重分析后 105 ℃、600 ℃ 和 950 ℃ 下的质量。

图 2.13 所示为 1—9 组矿化 CO_2 正交实验后,电石渣在 30～1 000 ℃ 下的热失重曲线,通过公式(2.4—2.6)可计算出矿化程度。表 2.11 列出了实验得到的矿化程度、U 形管内水的温升(以下简称温升)。

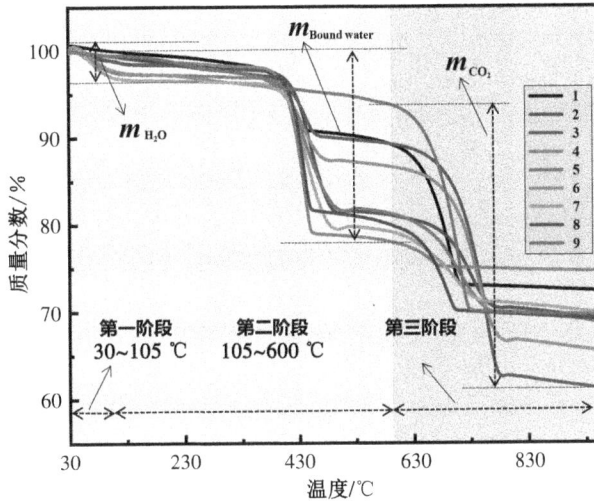

图 2.13　电石渣矿化 CO_2 后热重曲线

表 2.11　实验的矿化程度及温升数据比较

组别	因素			结果	
	$A/(r \cdot min^{-1})$	B/MPa	C	$A_e/\%$	$\bar{T}_e/K$
1	200	0.2	1∶8	21.5	2.14
2	200	0.4	1∶10	31.55	5.12
3	200	0.6	1∶12	56.90	11.36
4	400	0.2	1∶10	6.98	1.03
5	400	0.4	1∶12	22.92	4.28
6	400	0.6	1∶8	39.25	6.84
7	600	0.2	1∶12	16.70	2.38
8	600	0.4	1∶8	19.59	3.94
9	600	0.6	1∶10	46.33	9.84
K_{11}	36.65	15.06	26.78		
K_{12}	23.05	24.69	28.29		

（续表）

组别	因素			结果	
	$A/(\text{r} \cdot \text{min}^{-1})$	B/MPa	C	$A_e/\%$	$\bar{T}_e/\text{K}$
K_{13}	27.54	47.49	32.17		
R_1	13.60	32.43	5.39		
K_{21}	306.21	301.85	304.31		
K_{22}	304.05	304.45	305.33		
K_{23}	305.39	309.35	306.01		
R_2	2.16	7.50	1.70		

注：A_e、$\bar{T}_e$分别代表实验的矿化程度和温升；K_{ij}代表第j列第i水平所对应的矿化程度、温升平均值；R_j代表第j列中$K_{max} - K_{min}$。

极差R_j反映该因素对矿化程度或温升的影响程度，数值越大说明该因素对结果的影响越大。从表2.11中可以看出，R_1和R_2影响因子对矿化程度或温升影响大小为：压力＞转速＞固液比，由此可知压力因子对矿化程度和温升的影响最大。

2.3.2 数值模拟方法的有效性及网格独立性验证

使用Solidworks软件建立了恒压密闭反应釜的3D物理模型，将建立的3D物理模型导入到前处理软件ICEM中进行网格划分，对局部网格进行加密，并划分边界层以保证流体流动过程在模型边界上的计算准确性。将网格模型导入到Fluent中进行求解设置。其中，Fluent中求解设置的详细参数如表2.12所示。将模拟结果和通过热失重结果计算出的矿化程度进行比较，以验证模型的有效性。验证的前提应该保证每一组的模拟条件和实验条件保持相同，即在相同的搅拌速度、压力、电石渣浆液的固液比下进行验证。

表2.12 Fluent中求解参数设置

参数设置		类型
求解设置	湍流模型	Realizable k-ε 模型(1, 2)
	化学反应	组分运输模型(1, 2)
	旋转	滑移网格(1, 2)
	求解方式	Simple(1, 2)
边界条件	初始温度	300 K(1, 2)
	Inlet	Velocity-inlet(2)
	Outlet	Pressure-outlet(2)
	导热管壁面	耦合传热(1, 2)

注：(1)表示在恒压密闭方式下矿化CO_2用到的参数设置，(2)表示在恒压-连续进料方式下矿化CO_2用到的参数设置。

在进行数值模拟之前,首先需要验证网格的独立性,以确定模拟精度高、耗费计算机资源少的矿化装置模型。对建立的物理模型划分了 4 种不同数量的四面体网格[网格(a)、网格(b)、网格(c)、网格(d),分别包括 196 657,505 452,1 077 760,1 636 582 个网格单元]。对 4 种网格进行仿真模拟,并在每一个模型中设置 5 个监测点监测流体速度,监测点位置如图 2.14 所示。

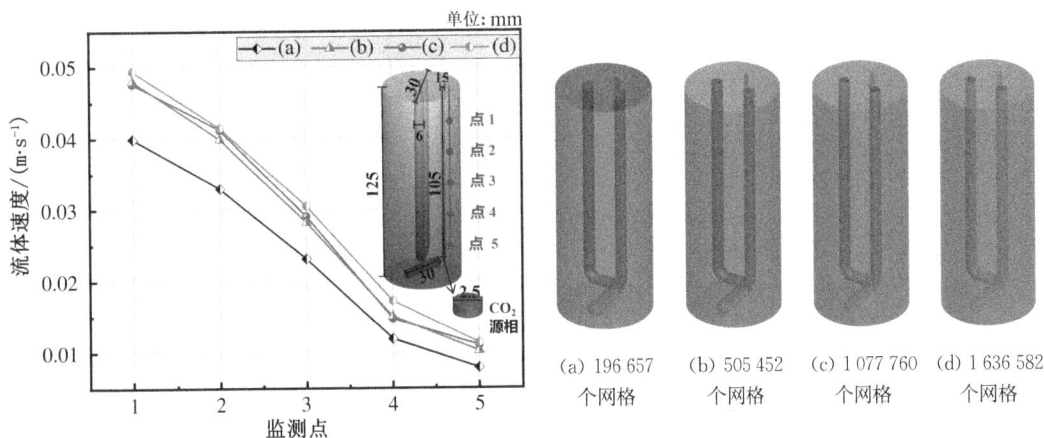

图 2.14　不同规模网格数量的流体速度模拟结果

图 2.14 比较了四种网格的监测点速度,显然网格(b)、网格(c)、网格(d)的流体速度近似,这表明当网格单元数量达到一定程度,不同网格数量的数值模拟结果具有独立性。网格(a)的数值模拟结果数据与其他三种网格的模拟数据有较大的差异。综合考虑模拟时间、模拟精度和模拟所占用的计算机资源,采用网格(b)来进行数值模拟。

将数值模拟结果与实验结果进行比较,以验证模型的有效性。验证的前提应保证每一组的模拟条件和实验条件保持相同,即在相同的搅拌速度、压力和固液比下进行数值模拟。得到 1—9 组数值模拟下的矿化程度和温升,如表 2.13 所示。图 2.15 是实验和数值模拟的数据对比图。

表 2.13　电石渣矿化 CO_2 数值模拟结果

组别	1	2	3	4	5	6	7	8	9
A_s /%	20.5	32.28	51.45	13.62	24.49	35.63	15.32	18.65	50.14
$\overline{T}_s$ /K	1.95	5.52	10.24	1.42	3.92	6.22	2.19	3.86	9.12

注:A_s、$\overline{T}_s$ 分别代表数值模拟的矿化程度和温升。

从图 2.15 中可以看到,只有第 4 组数值模拟结果和实验误差相差大于 10%,原因可能是电石渣中颗粒大,使得电石渣颗粒与 CO_2 的接触面积小,从而导致矿化程度较低,因此对实验 4 数据不予分析。其余 8 组模拟的矿化程度和实验的矿化程度最大误差在 10% 以内,这说明构建的数学模型对电石渣矿化 CO_2 过程的模拟是有效的。

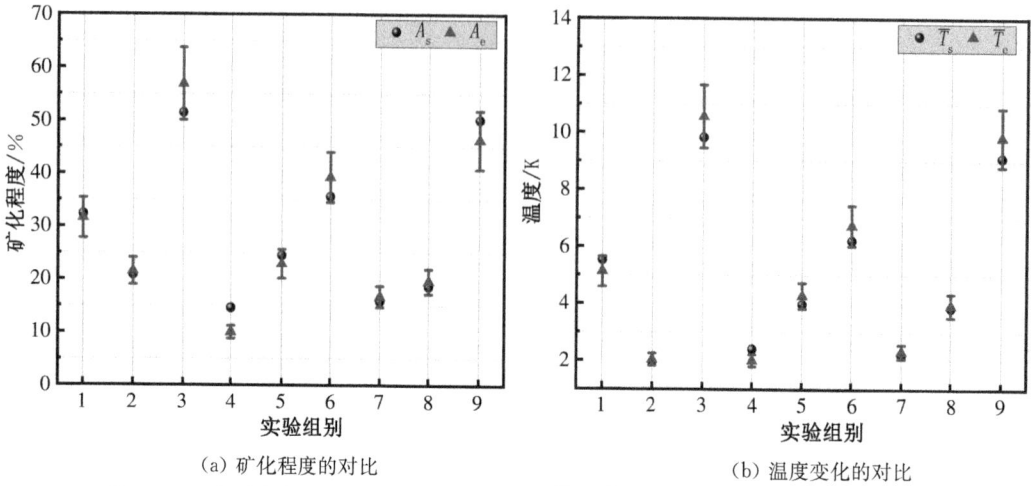

(a) 矿化程度的对比　　　　　　　　　　(b) 温度变化的对比

注：A_s、A_e 分别代表数值模拟和实验的矿化程度，$\bar{T}_s$、$\bar{T}_e$ 分别代表数值模拟和实验的温升

图 2.15　实验和数值模拟的数据对比

利用 Solidworks 软件建立恒压-连续进料矿化装置的 3D 物理模型。模型及具体尺寸如图 2.16 所示，模型中包括搅拌叶片、浆液进出口、CO_2 进口和导热管等。模拟使用 ICEM 软件对建立的物理模型进行网格划分。网格的质量对模拟结果的影响十分显著，高质量的网格可以使模拟结果更加准确，而低质量的网格则会降低模拟结果的准确性，因此需要验证网格的独立性。首先划分 4 种不同数量的四面体网格[网格(a)、网格(b)、网格(c)、网格(d)，分别包括 866 361，1 449 848，1 957 060，2 917 758 个网格单元]。在矿化装置模型中设立 5 个监测点监测反应釜中的流体流速，图 2.16 比较了四种网格下监测点流体速度。

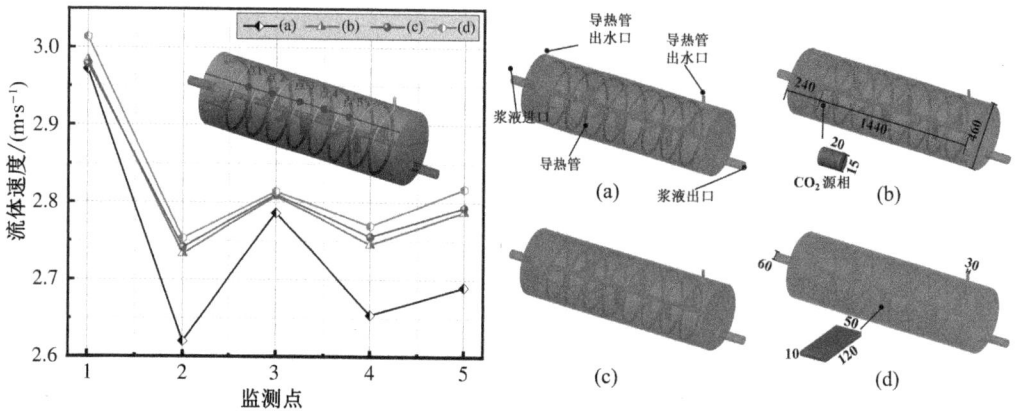

图 2.16　恒压-连续进出料矿化装置不同规模网格数量的流体速度模拟结果[(a)：866 361 个网格；(b)：1 449 848 个网格；(c)：1 957 060 个网格；(d)：2 917 758 个网格]

从图 2.16 可以看到,在相同的条件下进行模拟,网格(b)、网格(c)、网格(d)的流体速度近似,这表明当网格单元数量达到一定程度时,不同网格数量的数值模拟的结果具有独立性。因此考虑模拟时间、模拟精度和模拟所占用的计算机资源,选择网格 b 进行下一步的模拟。

2.3.3　单因素对矿化程度和导热管出口水温的影响

采用恒压-连续进料方式对电石渣矿化 CO_2 的矿化程度和导热管出口水温进行研究。除了研究转速、压力、固液比对矿化程度和导热管出口水温的影响外,还应对电石渣浆液进入速度对矿化程度和导热管出口水温的影响进行探究。由于国内外学者很少涉及在环境温度、恒压-连续进料方式下的电石渣矿化 CO_2 的研究,因此首先采用单因素分析确定合理的转速(A)、CO_2 进入压力(B)、固液比(C)、电石渣浆液进入速度(D)取值范围,再对得到各因素的取值范围细化梯度并设计正交试验。

总结国内外学者对不同因素促进矿化程度的研究,确定单因素分析下转速、压力、固液比、电石渣浆液进入速度的取值范围,分别为 400～2 000 rpm、0.5～6 MPa、1∶10～5∶10、0.25～2 m/s,并平均划分为 5 个梯度进行单因素数值模拟,梯度划分如表 2.14 所示。

表 2.14　单因素梯度

水平	因素			
	$A/(r \cdot min^{-1})$	B/MPa	C	$D/(m \cdot s^{-1})$
1	400	0.5	1∶10	0.25
2	800	1	2∶10	0.5
3	1 200	2	3∶10	0.75
4	1 600	4	4∶10	1
5	2 000	6	5∶10	2

在研究其中一个因素的影响时,其他所有设置保持一致。图 2.17 展示了单因素数值模拟时的矿化程度和导热管出口水温。由图可知,随着转速、压力的增大或电石渣浆液进入速度的减小,矿化程度和导热管出口水温呈增大的趋势;而随着固液比的增大,矿化程度呈减小的趋势,导热管出口水温呈升高的趋势。这是因为矿化程度虽然减小,但随着固液比的增大,参与矿化反应的电石渣的质量增加了。

因此,综合考虑矿化程度和导热管出口水温,选择转速、压力、固液比、电石渣浆液进入速度的范围分别为 1 600～2 200 rpm、4.5～6 MPa、1∶10～2.5∶10、0.2～0.8 m/s,并对每个因素平均划为 4 个梯度进行正交模拟。

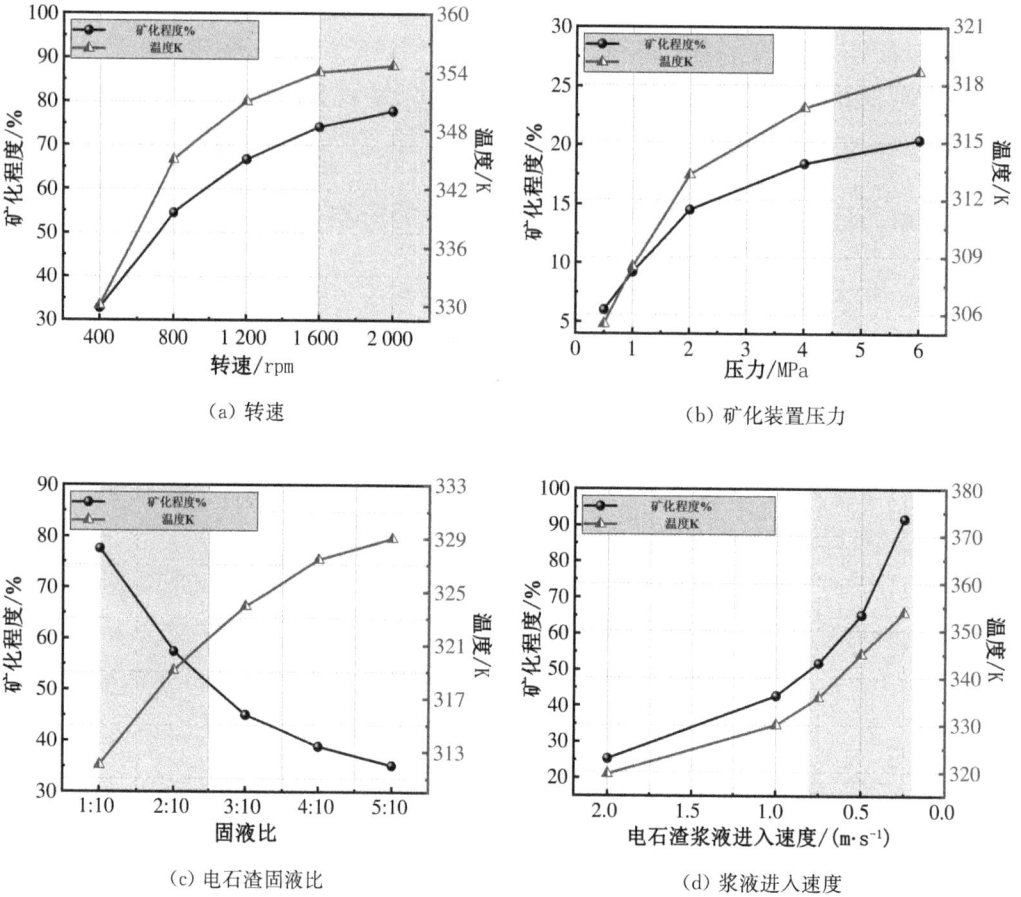

（a）转速　　　　　　　　　　　（b）矿化装置压力

（c）电石渣固液比　　　　　　　　（d）浆液进入速度

图 2.17　各因素在不同水平下对矿化程度和导热管出口水温的影响

2.3.4　恒压-连续进料方式下电石渣矿化 CO_2 的数值模拟

为了探索恒压-连续进料矿化装置在搅拌过程中的矿化程度及其过程反应热的提取情况，设计正交模拟梯度，如表 2.15 所示。

表 2.15　正交模拟梯度

水平	因素			
	$A/(r \cdot min^{-1})$	B/MPa	C	$D/(m \cdot s^{-1})$
1	1 600	4.5	1：10	0.2
2	1 800	5	1.5：10	0.4
3	2 000	5.5	2：10	0.6
4	2 200	6	2.5：10	0.8

注：其中导热管的进水（水温 300 K）速度为 2 m/s。

当 $CaCO_3$ 出口质量稳定后,计算矿化程度和导热管出口水温。正交模拟后得到 16 组矿化程度和导热管出口水温的数据,如表 2.16 所示。

表 2.16 正交模拟后的矿化程度和导热管出口水温

组别	因素				结果	
	$A/(r \cdot min^{-1})$	$B/(MPa)$	C	$D/(m \cdot s^{-1})$	$A_r/\%$	T/K
1	1 600	4.5	0.1	0.2	82.74	303.82
2	1 800	5	0.15	0.2	67.48	305.47
3	2 000	5.5	0.2	0.2	79.02	306.34
4	2 200	6	0.25	0.2	45.59	308.21
5	1 600	5	0.2	0.4	84.59	315.24
6	1 800	4.5	0.25	0.4	82.94	316.20
7	2 000	6	0.1	0.4	81.19	306.21
8	2 200	5.5	0.15	0.4	80.12	308.50
9	1 600	5.5	0.25	0.6	80.90	322.21
10	1 800	6	0.2	0.6	78.13	317.52
11	1 200	4.5	0.15	0.6	76.97	311.54
12	2 200	5	0.1	0.6	80.29	307.23
13	1 600	6	0.15	0.8	78.58	315.50
14	1 800	5.5	0.1	0.8	80.56	309.64
15	2 000	5	0.25	0.8	80.62	322.90
16	2 200	4.5	0.2	0.8	81.79	317.51
K_{11}	81.70	81.11	81.20	68.71		
K_{12}	77.28	78.25	75.79	82.21		
K_{13}	79.45	80.15	80.88	79.07		
K_{14}	71.95	70.87	72.51	80.39		
R_1	9.75	10.24	8.69	13.50		
K_{21}	314.19	312.27	306.73	305.96		
K_{22}	312.21	312.71	310.25	311.54		
K_{23}	311.75	311.67	314.15	314.63		
K_{24}	310.36	311.86	317.38	316.39		
R_2	3.83	1.04	10.65	10.43		

注:A_r、T 分别代表矿化程度、导热管出口水温。

从表 2.16 中可以看出,对于矿化程度来说,极差的大小为:$D > B > A > C$,由此可知因子 B 对矿化程度的影响最大;而对于导热管出口水温来说,极差的大小为:$C > D > A > B$,由此可知因子 C 对导热管出口水温的影响最大。从矿化程度来看,通过单因素分析为各因素确定合理的取值范围之后,再次细化梯度进行正交模拟所得到的数据,除了第四组模拟以外,大部分矿化程度都达到了 80%。

Tecplot 后处理软件包含数值模拟和 CFD 结果可视化软件 Tecplot 360,是处理 Fluent 数值模拟结果的常用软件。将得到的模拟结果数据导入到 Tecplot 后处理软件,得到 16 组正交模拟条件下 $CaCO_3$ 浓度和温度分布云图,$CaCO_3$ 浓度和温度分布云图($CaCO_3$ 出口质量稳定后),如图 2.18 和图 2.19 所示。

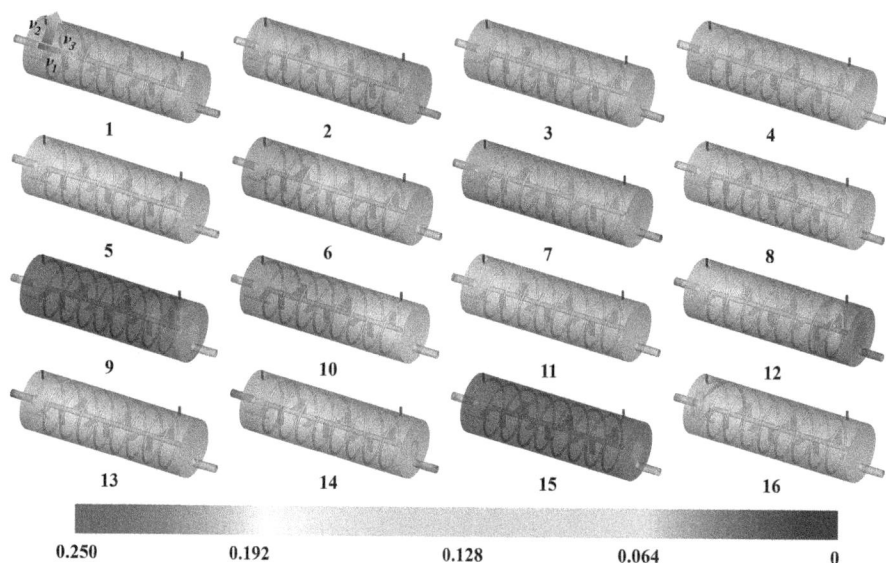

注:v_1、v_2、v_3 分别代表电石渣浆液的进入速度、叶片转动速度、合速度。

图 2.18 $CaCO_3$ 出口质量稳定后的 $CaCO_3$ 浓度分布云图

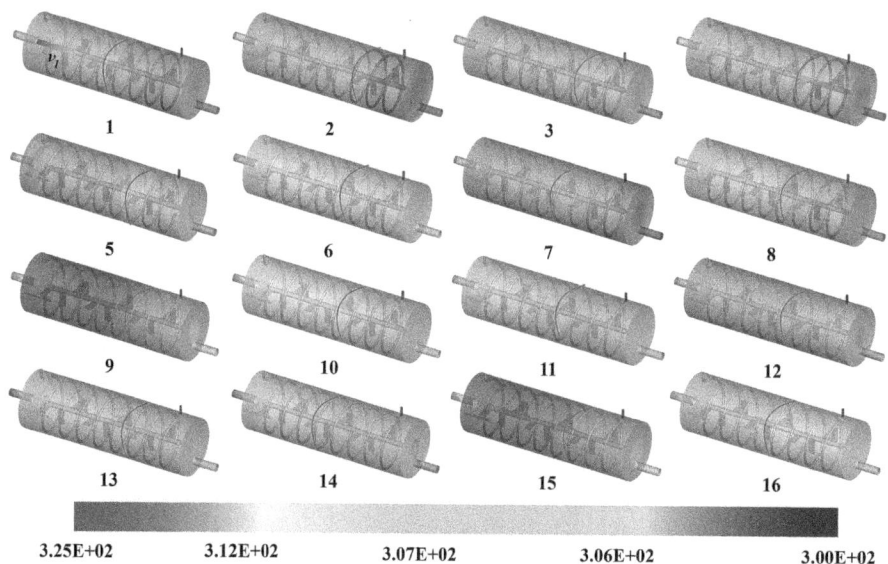

注:v_1 代表电石渣浆液的进入速度。

图 2.19 $CaCO_3$ 出口质量稳定后的温度云图

图 2.18 显示了 $CaCO_3$ 浓度分布云图,从图中可以看到,矿化装置左侧的 $CaCO_3$ 浓度大于右侧的 $CaCO_3$ 浓度。这是由于在 CO_2 的进口位置,$CaCO_3$ 快速生成,$CaCO_3$ 浓度增大,在 v_1 和 v_2 的共同作用下,右侧 $CaCO_3$ 被快速输出矿化装置所导致。CO_2 的进口位置设置在靠近电石渣浆液进料口的位置是为了保证 CO_2 能够与电石渣浆液接触的时间更长,使矿化反应进行得更充分。而表 2.16 中的矿化程度数值也证明了这一点。同时,CO_2 进口位置不宜过于靠近电石渣浆液进料口,否则会导致 CO_2 从进料口逸出,从而造成 CO_2 损失。

在图 2.19 中可以看到从电石渣浆液进料口到出料口的温度分布变化是逐渐降低的。在矿化装置的中间位置出现了一次较大幅度的温度降低。这是由于在进料口处化学反应开始进行时,伴随着反应热的释放,矿化装置内的浆液温度升高;随后,随着较低温度的电石渣浆液以 v_1 速度进入并混合,导致温度下降。结合表 2.16 的数据可知,造成温度出现较大幅度降低的原因是电石渣浆液的进入速度不同。将电石渣浆液进料口至矿化装置的中间位置称为高温区域,在这个区域内可以将导热管的圈数适当加密;而在低温区域,则可以适当减少导热管的圈数,以提取更多的反应热,同时节约导热管材料。

2.4　反应器结构参数对矿化固碳的影响机制

2.4.1　电石渣矿化 CO_2 数值模拟及最佳工艺参数

本节主要研究搅拌装置中不同结构参数对恒压-连续进料方式下电石渣快速矿化 CO_2 的矿化程度及热提取的影响。通过控制搅拌装置内的长径比(E)、叶片的倾角(F)、叶片间距(G)、叶片直径(H)对电石渣矿化 CO_2 的传质和导热管出口水温进行研究。采用正交试验设计的方法进行数值模拟,梯度划分如表 2.17 所示。利用 Solidworks 软件建立了以 $(0,0,0)$ 为中心的搅拌装置 3D 物理模型,如图 2.20 所示,模型中包括浆液进出口、CO_2 源相、导热管(螺距 10 cm)等。

表 2.17　正交模拟梯度

水平	因素			
	E	F	G	H
1	1.5	15°	3 cm	11 cm
2	2	25°	4 cm	12 cm
3	2.5	35°	5 cm	13 cm
4	3	45°	6 cm	14 cm

注:其中导热管的进水(水温 300 K)速度为 2 m/s。

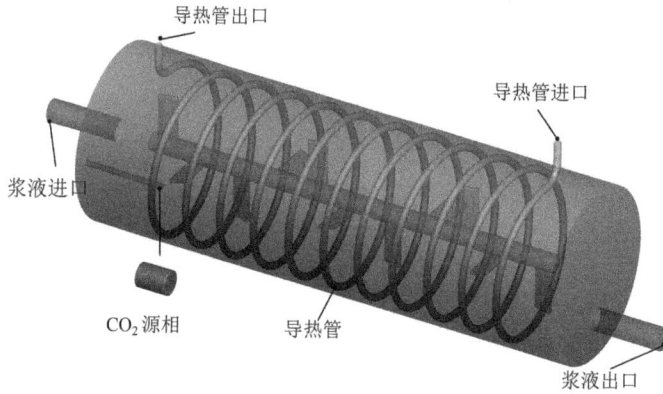

图 2.20 搅拌装置 3D 物理模型

当 $CaCO_3$ 出口质量稳定后,计算矿化程度和导热管出口水温。正交模拟后得到 16 组矿化程度和导热管出口水温的数据,如表 2.18 所示。

表 2.18 正交模拟后的矿化程度和导热管出口水温

组别	因素				结果	
	E	F/(°)	G/cm	H/cm	A_r/%	T/K
1	1.5	15	3	11	41.79	307.66
2	2	15	4	12	54.59	304.65
3	2.5	15	5	13	68.76	315.42
4	3	15	6	14	78.19	319.21
5	2	25	3	13	61.32	311.62
6	1.5	25	4	14	44.89	308.02
7	3	25	5	11	64.40	316.57
8	2.5	25	6	12	61.12	315.82
9	2.5	35	3	14	66.89	316.23
10	3	35	4	13	74.37	317.49
11	1.5	35	5	12	42.01	307.66
12	2	35	6	11	48.32	309.31
13	3	45	3	12	67.19	315.91
14	2.5	45	4	11	60.24	313.53
15	2	45	5	14	57.39	311.63
16	1.5	45	6	0.8	41.04	308.35
K_{11}	42.43	60.83	59.30	53.69		
K_{12}	55.41	57.93	58.52	56.23		

组别	因素				结果	
	E	$F/(°)$	G/cm	H/cm	$A_r/\%$	T/K
K_{13}	64.25	57.90	58.14	61.37		
K_{14}	71.04	56.47	57.17	61.84		
R_1	28.61	4.37	2.13	8.15		
K_{21}	307.92	311.69	312.86	311.77		
K_{22}	309.30	313.03	310.92	311.04		
K_{23}	315.28	312.67	312.82	313.22		
K_{24}	317.25	312.36	313.15	313.72		
R_2	9.33	1.34	2.23	2.68		

注：A_r 代表矿化程度，T 代表导热管出口水温，K_{ij} 代表第 j 列第 i 水平所对应矿化程度、出水口温升的平均值，R_j 代表第 j 列中 $K_{max} - K_{min}$。

极差 R_j 反映了该因素对矿化程度或温升的影响程度，数值越大说明该因素对结果的影响越大，根据表 2.18，对于矿化程度来说，极差的大小为：$E > H > F > G$；对于导热管出口水温来说，极差的大小为：$E > H > G > F$。由此可知不论是对于矿化程度还是导热管出口水温，因子 E 的影响都是最大的。

表 2.19　数值模拟-矿化程度方差分析

	E	F	G	H	误差
偏差平方和	1 831.33	40.31	9.41	190.16	2 071.21
自由度	3.00	3.00	3.00	3.00	12.00
$F_比$	3.54	0.08	0.02	0.37	
$F_{临界(0.05)}$	3.49	3.49	3.49	3.49	
显著性	显著				

注：$F_比$ 代表 F 值，$F_{临界(0.05)}$ 代表显著性水平取 0.05。

表 2.20　数值模拟-导热管出水口温度方差分析

	E	F	G	H	误差
偏差平方和	245.51	3.93	12.48	18.72	280.63
自由度	3	3	3	3	12.00
$F_比$	3.50	0.06	0.18	0.27	
$F_{临界(0.05)}$	3.49	3.49	3.49	3.49	
显著性	显著				

结合表 2.19 和表 2.20,由方差分析可知,因素 E、F 和 H 在以矿化程度为目标函数时的 $F_比$(3.54,0.08,0.37)大于以导热管出口水温作为目标函数时的 $F_比$(3.50,0.06,0.27),因此在矿化程度作为目标函数时选择 $E_4F_1H_4$ 为最优水平。因素 G 在以导热管出口水温作为目标函数时的 $F_比$(0.18)大于以矿化程度为目标函数时的 $F_比$(0.02)。在导热管出口水温作为目标函数时选择 G_4 为最优水平,因此,最优组合为 $E_4F_1G_4H_4$,即搅拌装置长径比为 3,叶片的角度、间距、直径分别为 15°、6 cm、14 cm,这对应于 16 组正交模拟中的第 4 组。

2.4.2 搅拌装置矿化 CO₂ 和热提取量分析

搅拌装置的长径比对矿化能力和导热管出口水温的影响最大,这是由于在一定程度上增加搅拌装置的长度,可以提高电石渣与 CO_2 的接触时间,从而使电石渣与 CO_2 反应更充分,并增加导热管与搅拌装置内高温浆液进行热交换的时间,提高热交换效率。将第 4 组数值模拟数据导入到 TECPLOT 处理软件,得到 $CaCO_3$ 浓度和温度分布云图($CaCO_3$ 出口质量稳定后),如图 2.21 所示。

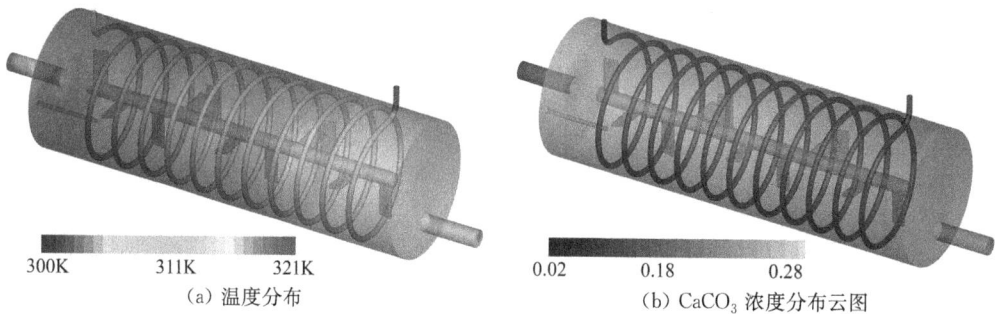

(a) 温度分布   (b) CaCO₃ 浓度分布云图

图 2.21　温度分布和 CaCO₃ 浓度分布云图(CaCO₃ 出口质量稳定后)

通过温度分布和 $CaCO_3$ 浓度云图可以看出,温度和 $CaCO_3$ 浓度较高,而在接近出口的地方则较低。这是因为 $Ca(OH)_2$ 和 CO_2 发生反应生成 $CaCO_3$ 时会释放大量的热量,导致含有 $CaCO_3$ 的浆液温度升高,从而出现 $CaCO_3$ 浓度分布和温度分布相似的情况。依据表 2.18 的数据,在 $CaCO_3$ 出口质量稳定后,矿化程度和出水口的温度分别达到了 78%、319.21 K。进一步计算表明,采用 $A_4B_1C_4D_4$ 结构参数配置的搅拌装置,在 1 h 内最多可以矿化约 2.14 t 的 CO_2,这相当于完全燃烧 0.957 t 煤所产生的 CO_2。此外消耗 4.53 t 电石渣、矿化 1 t CO_2 的同时可以使 2.35 m³ 的水从 300 K 升温到 319.21 K,热提取量达到了 189.60 MJ。

2.4.3 矿化装置热提取能力的数值模拟

(1) 导热管分布对热提取能力的影响

由表 2.18 得到第 4 组模拟的矿化能力和导热管出口水温最高。因此,在第 4 组模拟中采用的结构参数的基础上,即搅拌装置的长径比、叶片的角度、间距、直径分别为 3、15°、6 cm、14 cm,研究导热管疏密程度对热提取能力的影响。搅拌装置内导热管出水口与入水口距离为 120 cm,并将其平均分为 a、b、c 区域,分别将这三个区域的螺距由 10 cm 改为 5 cm 以加密相应区域导热管,然后进行计算。如图 2.22 所示为不同缠绕密度导热管出口水温云图。

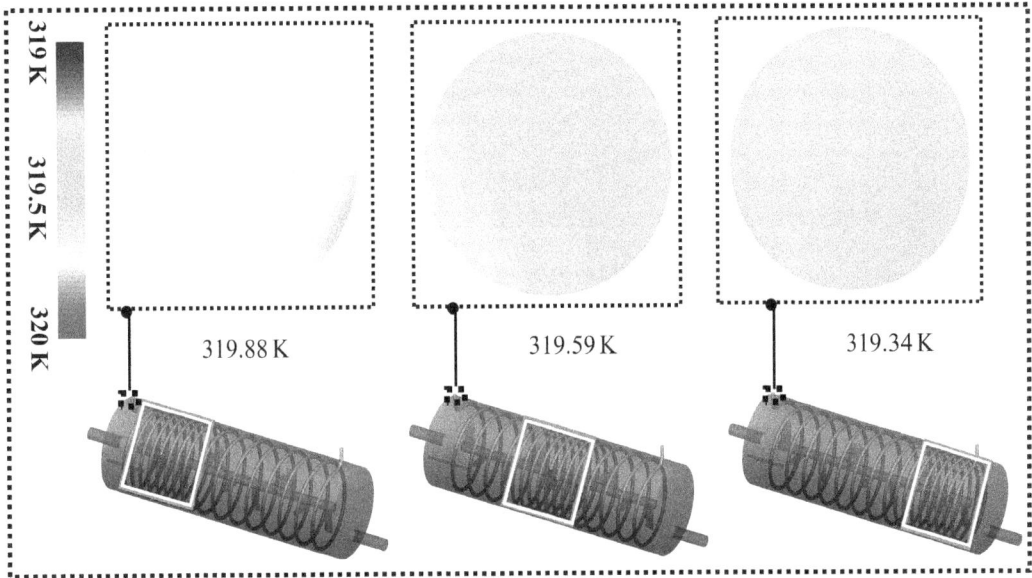

图 2.22　不同缠绕密度下导热管口水温云图

由图 2.22 可以得到,当在 a 区域增大缠绕密度时,导热管出口水温是最高的。结合图 2.21(b)可知,Ca(OH)$_2$ 与 CO$_2$ 反应产生的反应热主要集中在搅拌装置的 a 区域。当增加此区域的导热管缠绕圈数时,可以增加导热管内部的水与导热管外部高温浆液之间的热交换时间,使得导热管内部的水能够吸收更多的热量,从而提高出口水的温度,提高热交换效率。因此,我们采用在 a 区域增大缠绕密度的方式来研究其内部液体的流速对热提取能力的影响。

2.4.4　流速对热提取能力的影响

研究了导热管内部流体速度(以下简称流速)在 0.2~4 m/s 范围内导热管出口水温的变化范围。在对导热管密度进行局部加密之后,搅拌装置内的导热管共有 16 圈。为了监测导热管内水温的实时变化,在水流进入搅拌装置后的第 2 圈、第 8.5 圈、第 15 圈及导热管出口处分别设置了四个监测点:$a(5.24, -60, 30.69)$、$b(0, 50, 21)$、$c(0, -22.5, -21)$、$d(0, -55, 21)$,得到了在出口 CaCO$_3$ 质量稳定后各个点的温度变化情况,点的位置及监测结果如图 2.23 所示。其中,曲线 t 代表水流自导热管进口到出口的时间,曲线 b

的数据为 $T_b + 12\text{ K}$。

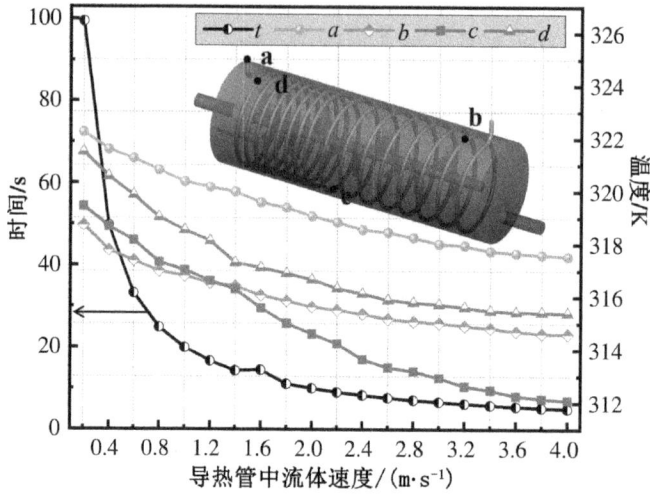

图 2.23　时间、温度与流速关系

通过图 2.23 可以看到,曲线 t 的斜率整体呈逐渐减小的趋势,这表明随着流速的增大,水从导热管进口到出口的时间变化幅度减小。这也说明水在导热管内与高温电石渣浆液进行热量交换的时间变化幅度随着流速的增大而减小,从而导致热交换量的变化幅度变小。因此,监测点 a、b、c、d 的温度随着流速的增大呈现出缓慢降低的趋势,并且降低幅度逐渐减小。

利用 Origin 软件对曲线 a 的数据进行处理,采用指数衰减型的 Expdecl 模型对 $0.2\sim4$ m/s 的数据进行拟合后得到导热管出口水温 T 与流速 v 的函数关系,即式(2.7)所示,

$$T = 6.77 \times \exp(-v/2.67) + 315.91 \qquad (2.7)$$

导热管内的水在 1 h 内的热提取量和出水量与温度升高有关,热提取量与流速的关系函数 Q 即式(2.8)所示,

$$Q = (T - 300) \times \pi r^2 t \times v \times c \qquad (2.8)$$

其中,r 为导热管半径,为 0.01 m;t 为 3 600 s;c 为水的比热容,4.2×10^3 J/(kg·K)。

图 2.24 所示,当流速为 1 m/s 时,出水口水温为 320.56 K,热提取量为 97.66 MJ,此时导热管的流出水量为 1.13 m³/h;而当流速为 2 m/s 时,出水口水温为 319.11 K,热提取量为 181.50 MJ,此时导热管的流出水量为 2.26 m³/h。综合考虑导热管出口水温、热提取量和出水量,取 $1\sim2$ m/s 作为导热管中水的进入速度范围对搅拌装置的反应热进行提取比较合适。

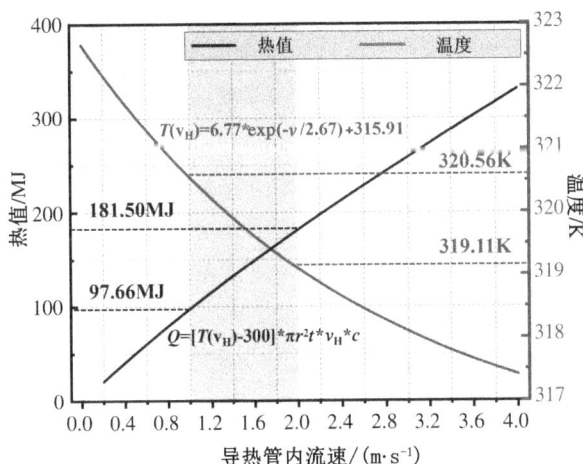

图 2.24 1 小时内导热管提取反应热量与流速关系

2.5 本章小结

本章研究了碱性固废同步研磨矿化固碳的最佳条件与反应机制,明确了矿化反应器结构参数与工艺参数对矿化效率的影响规律。

(1) 研磨剂对三种碱性固废的矿化量影响效果为:钢渣＞赤泥＞电石渣,这与三种固废的 Si 元素含量顺序相同。同步研磨的作用效果与 Si 元素的含量成正比。

(2) 研磨剂提高矿化量的方式是剥离固废颗粒在反应过程中生成的富硅层或将大颗粒破碎为小颗粒,但富硅层仅在硅含量高的钢渣和赤泥的碳酸化反应中产生,电石渣碳酸化试验中不会产生富硅层,这是造成同步研磨的作用效果与 Si 元素的含量成正比的原因。

(3) 在恒压密闭反应釜中,转速、压力、固液比对电石渣矿化 CO_2 的影响顺序为:压力＞转速＞固液比。当矿化过程中压力减小时,电石渣矿化 CO_2 的矿化程度减小得更快。如果矿化过程中保持压力恒定,会极大地促进电石渣矿化 CO_2 的矿化程度。

(4) 采用恒压-连续进料方式时,在转速、压力、固液比、电石渣浆液充入速度、导热管中进水速度分别为 2 000 r·min^{-1}、5 MPa、0.25、0.8 m/s、2 m/s 的条件下,电石渣矿化 CO_2 的能力达到了 0.47 g CO_2/g 电石渣,并且矿化 1 t CO_2 的同时可以将 2.37 m^3 的水从 300 K 升温到 322.9 K,热提取量达到 227.95 MJ。

(5) 在恒压-连续进料方式下电石渣矿化 CO_2 时,搅拌装置的长径比、叶片的倾角、间距、直径对于矿化程度的影响顺序为:搅拌装置的长径比＞叶片直径＞叶片倾角＞叶片间距;而对导热管出水口水温的影响顺序为:搅拌装置的长径比＞叶片直径＞叶片间距＞叶片倾角。

（6）当搅拌装置的长径比、叶片的倾角、间距、叶片直径分别为 3、15°、6 cm、14 cm 时，碱性固废电石渣矿化 CO_2 和导热管中流体对反应热的热提取能力最佳，即 1 h 内最多可以矿化约 2.14 t CO_2，同时消耗 4.53 t 电石渣，矿化 1 t CO_2 的热提取量达到 189.60 MJ。研究表明，增大长径比可以进一步提高矿化程度和热提取能力。

（7）在研究导热管内部流体速度对导热管出口水温的影响时发现，随着流速的增加，热提取量呈逐渐减少的趋势，并在此基础上建立了热提取量与流速的关系模型。当流速在 1～2 m/s 之间时，热提取量达到了 97.66～181.50 MJ，为现场的反应热提取应用提供了理论依据。

第3章 碳酸化废料制备改性多孔固碳颗粒

利用碱性固废矿化固碳后得到的碳酸化废料，添加复合碱激发剂、表面活性剂、发泡剂等研制多孔地聚物颗粒，并采用物理浸渍等方法对原始颗粒进行功能化处理，制得改性固废基地聚物颗粒，实现颗粒能够化学稳定吸附CO_2，并能在达到特定温度时释放用于防火或灭火。

3.1 改性固废基地聚物颗粒的制备实验

3.1.1 实验用材料、试剂及其预处理

本实验采用来自中国郑州市恒远环保有限公司的粉煤灰和钢渣作为骨料，氢氧化钠（NaOH，99.0%，产自中国山东科星源生物科技有限公司）、硅酸钠溶液（Na_2O：8.3%，SiO_2：26.5%，产自中国青岛市精科仪器试剂有限公司）作为复合碱激发剂；油酸（$C_{18}H_{34}O_2$，产自中国天津市北联精细化学品有限公司）作为阴离子表面活性剂；十六烷基三甲基溴化铵（CTAB，产自中国天津市光复精细化工厂）作为阳离子表面活性剂；次氯酸钠溶液（NaClO，产自中国北京市伊诺凯科技有限公司）作为发泡剂；聚乙烯亚胺溶液（PEI，99.0%，产自中国上海市攻碧克新材料科技有限公司）作为改性剂；无水乙醇（C_2H_5OH，产自中国成都市科隆化学品有限公司）作为浸渍溶剂。通过X射线荧光光谱仪测试，得到了本制备实验所用骨料粉煤灰和钢渣的主要物质组成及其含量，测试结果如表3.1所示。将粉煤灰与钢渣在100 ℃下真空干燥12 h，并研磨至100~200目，以方便使用。实验用煤样的工业分析结果如表3.2所示。使用保鲜膜将从矿井下新鲜开采的煤块包裹起来，放入密封袋后直接寄往实验室。实验时将煤块粉碎并筛分出40~80目的煤样，并在40 ℃下真空干燥24 h后密封保存以备使用。

表 3.1 骨料粉煤灰与钢渣的主要成分及含量 （单位：%）

骨料	SiO_2	Al_2O_3	CaO	Fe_2O_3	MgO	Na_2O	其他
粉煤灰	56.312	34.822	2.944	2.305	0.765	0.505	2.347
钢渣	1.516	1.057	95.861	0.224	0.182	0.627	0.533

表 3.2　实验煤样的工业分析结果

工业分析(mass%)			
M_{ad}	A_{ad}	V_{ad}	FC_{ad}
11.47	21.12	41.64	25.77

注：M_{ad}：水分含量；A_{ad}：灰分含量；V_{ad}：挥发性成分；FC_{ad}：固定碳含量。

3.1.2　调配实验用复合碱激发剂

由硅酸钠溶液与氢氧化钠制得的复合碱激发剂是当前作用效果良好、适用范围广泛的一种地聚物碱激发剂。碱激发剂用于溶解硅铝酸盐，促进聚合反应，其模数是影响地聚物结构的重要因素。模数(n)是指碱激发剂内 SiO_2 与 Na_2O 物质的量的比。模数过大，碱性条件无法满足聚合需求，硅铝酸盐凝胶生成较少，产物强度将下降；模数过小，则不利于地聚物的发泡效果，导致其开孔程度较差，孔结构较为封闭。目前相关研究表明，碱激发剂模数在 1.0～1.5 范围内制得的地聚物效果最佳。综合考虑制备开孔地聚物的强度和结构，本研究采用模数为 1.5 的复合碱激发剂，由硅酸钠溶液与氢氧化钠混合调配制得。采用模数为 3.2 的硅酸钠溶液，加入氢氧化钠来调整模数。通过公式(3.1)计算需加入氢氧化钠的质量。之后以相应的比例混合氢氧化钠与硅酸钠溶液，用机械搅拌器搅拌 20 min，静置冷却后制得模数为 1.5 的复合碱激发剂。

$$m = \frac{n_1 - n_2}{n_2 R} \times W \times m_1 \tag{3.1}$$

式中，m 为需加入 NaOH 的质量(g)；n_1 为硅酸钠溶液的模数；n_2 为调整后复合碱激发剂的模数；R 为 NaOH 的纯度(%)；W 为调整前硅酸钠溶液 Na_2O 的含量(%)；m_1 为加入硅酸钠溶液的质量(g)。

3.1.3　固废基地聚物颗粒的合成及其改性实验

以固废作为骨料，采用化学发泡法制备地聚物多孔颗粒。首先称取一定质量比例的粉煤灰和钢渣倒入烧杯中，加入定量的水混合均匀，以 300 r/min 的速度搅拌 2 min；随后缓慢地定量加入复合碱激发剂、发泡剂与表面活性剂，以 400 r/min 的速度继续搅拌 3 min。搅拌完成后，在直径 4 mm 的球形模具内浇注浆液，常温下固化 4 天，脱模后制得原始地聚物颗粒。

当前，对原始载体材料进行胺改性的实验方法主要有三种：第一种为物理浸渍法，将溶液内的胺担载至载体内,利用蒸发去除过量的溶剂;第二种为化学接枝法,将胺共价结合至材料表面以实现功能化改性;第三种为原位聚合法,将活性单体添加至纳米层状物的层间产生聚合反应。物理浸渍法操作简便、载体来源广、负载量高、易于调控,适于大规模的制备过程,但需要注意过量浸渍胺会堵塞材料孔道,不利于 CO_2 扩散;通过化学接枝法和原位聚合法,能将胺分子与载体充分结合,耐热性较好,但工艺复杂,受载体化学官能团(—OH)的限制,引入的活性部位较少,并且通常需要危险化学品作为溶剂。由于实际生活中报道最多、应用最广的是物理浸渍法,因此本研究将采用物理浸渍法对颗粒进行改性。

考虑到改性剂的性质及其稳定性,本研究选取高含氮量(33%)、高沸点(约 310℃)、低黏度、低挥发性的 GBK-PEI 9 型聚乙烯亚胺溶液(Polyethyleneimine,PEI)作为改性剂,通过物理浸渍法对颗粒进行改性。首先将一定量的 PEI 加入含有 40 ml 无水乙醇的圆底烧瓶内,用塑料薄膜密封,再置于水浴锅中于 35 ℃下磁力搅拌 1 h,使胺充分溶解;随后放入颗粒,继续搅拌 3 h,使胺分子充分扩散至颗粒的内部;最后在 100 ℃下真空干燥 10 h。所得样品记作 X PEI-颗粒,其中 X 代表 PEI 的质量负载百分比,由公式(3.2)计算。改性地聚物颗粒的制备流程和吸附 CO_2 示意图如图 3.1 所示,制备出的改性地聚物颗粒的实物图如图 3.2 所示。

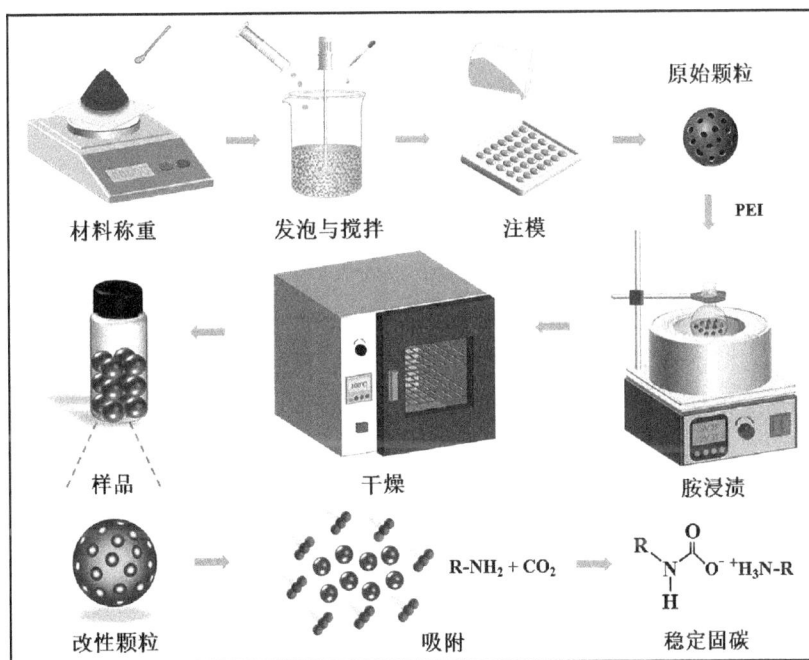

图 3.1　改性地聚物颗粒的制备流程和吸附 CO_2 示意图

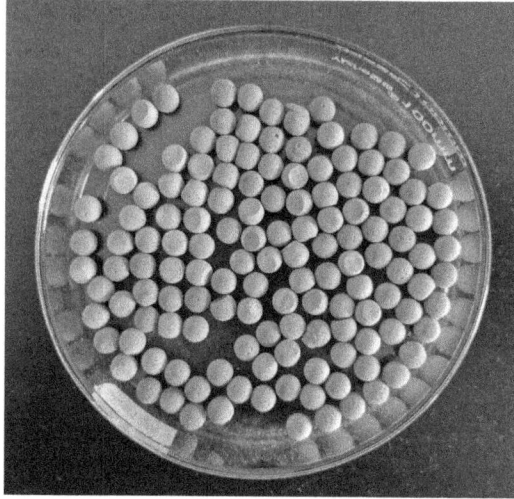

图 3.2 制备的改性地聚物颗粒的实物

$$X = \frac{m_{\text{PEI}}}{m_{\text{particles}} + m_{\text{PEI}}} \times 100\% \tag{3.2}$$

式中,X 为 PEI 的质量负载百分比(%),本研究 X 设为 20%、25%、30%、35%和 40%;$m_{\text{particles}}$ 为添加的原始颗粒的质量(g);m_{PEI} 为添加的改性剂 PEI 的质量(g)。

3.2 改性固废基地聚物颗粒的结构表征

3.2.1 改性颗粒的孔隙结构

图 3.3 和表 2.3 显示了具有不同 PEI 负载量颗粒的孔隙特征。依据 IUPAC 技术报告,所有颗粒的 N_2 吸附-脱附曲线都表现为经典的 Ⅳ(a)型吸附等温线。当相对压力 (P/P_0) 低于 0.1 时,颗粒的吸附等温线出现轻微的凸起,此时主要为单层吸附,这表明其存在少量的微孔(<2 nm)结构;当相对压力 (P/P_0) 在 0.1~0.9 范围内,N_2 吸附量不断增大,吸附等温线均缓慢上升,此时吸附形式由单层逐渐变为多层;当相对压力 (P/P_0) 高于 0.9 时,颗粒的孔隙内发生毛细冷凝现象,吸附等温线跃升,表明其存在大孔(>50 nm)结构。所有颗粒的吸附等温线都呈现出显著的 H_3 型磁滞回线,这表明其骨架内具有层状的介孔(2~50 nm)结构,且存在平行板状的狭缝孔。从表 3.3 中可以看出,颗粒的孔容、孔径与比表面积均随着 PEI 负载量的增加而逐渐减小,这表明 PEI 已负载至颗粒的孔道内。

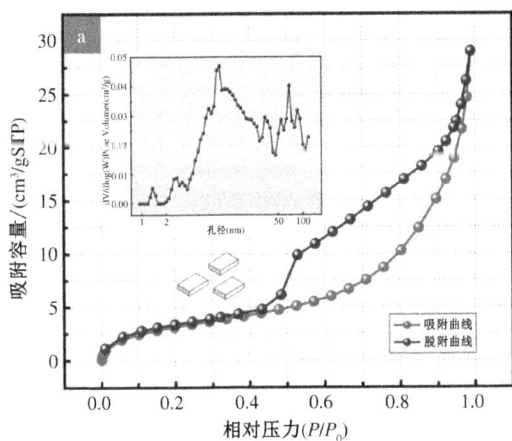

（a）原始颗粒

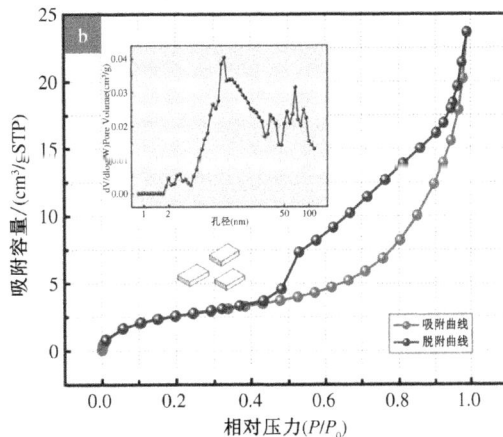

（b）20% PEI-颗粒

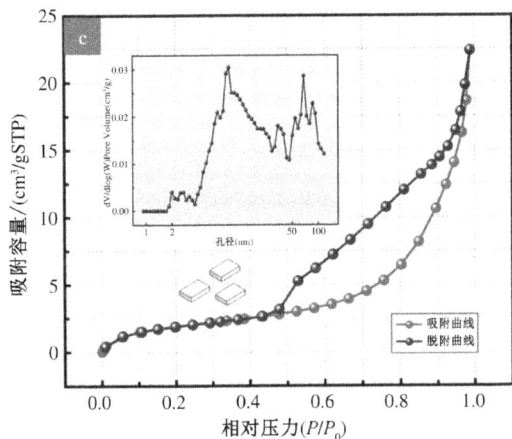

（c）25% PEI-颗粒

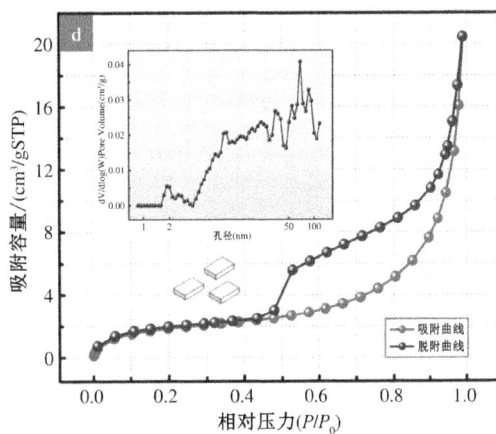

（d）30% PEI-颗粒

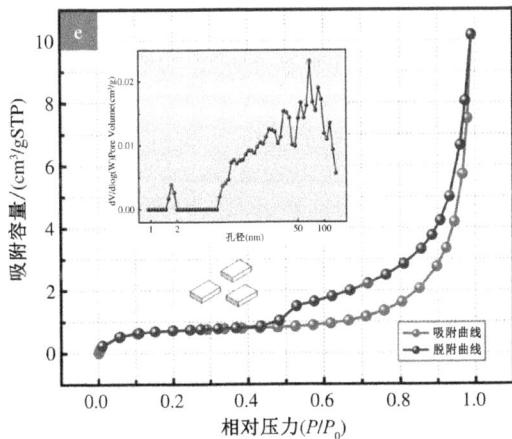

（e）35% PEI-颗粒

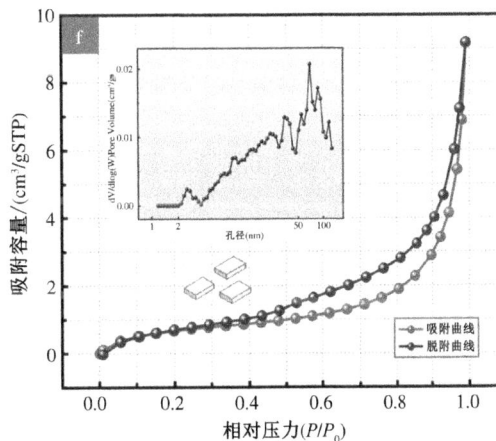

（f）40% PEI-颗粒

图 3.3　N_2 吸附-脱附曲线和孔径分布图

表 3.3　具有不同 PEI 负载量颗粒的孔隙特征

PEI 负载量/%	BET 比表面积/(m²/g)	BJH 孔容/(cm³/g)	平均孔径/nm
0	12.243 7	0.047 642	30.091 4
20	9.931 4	0.038 486	22.659 3
25	7.440 5	0.036 480	21.010 6
30	7.249 2	0.032 449	17.689 6
35	2.848 7	0.016 232	14.766 2
40	2.846 6	0.014 857	14.639 2

由图 3.3 中不同 PEI 负载量颗粒的孔径分布可以看出,原始颗粒以及 PEI 负载量低于 35% 的改性颗粒,在微孔范围内均出现了轻微的孔径分布峰,表明存在少量的微孔。当 PEI 负载量为 40% 时,改性颗粒的微孔范围内没有相应的孔径分布峰出现,表明微孔已基本消失,这是由于 PEI 的持续负载导致微孔被逐渐填满直至消失。改性前后所有颗粒的孔径分布峰均主要出现在介孔和大孔范围内,表明改性前后所有颗粒主要含有介孔和大孔结构。综上所述,所制备的颗粒由"微孔-介孔-大孔"骨架构成,且微孔较少,介孔和大孔居多。这种多层次且丰富的孔隙结构能促使 PEI 和 CO_2 均匀地分散至颗粒的基体内,有助于胺浸渍以及 CO_2 在孔内扩散。

3.2.2　改性颗粒的微观形貌

颗粒浸渍 PEI 前后的扫描电子显微镜图像如图 3.4 所示。原始颗粒能清晰地观察到有利于胺活性组分负载和 CO_2 扩散的孔道结构[图(a)]。当 PEI 负载量为 20% 时[图(b)],孔道和孔隙结构的分散度较高,仍清晰可见,未出现较明显的团簇,此时 PEI 分子主要分布于孔内。当 PEI 负载量为 25% 时[图(c)],颗粒的表面包覆了一定的胺,出现了较为明显的团簇,但仍保留了表观特征,且能观察到部分孔隙结构。当 PEI 负载量超过 25% 时[图(d)]、

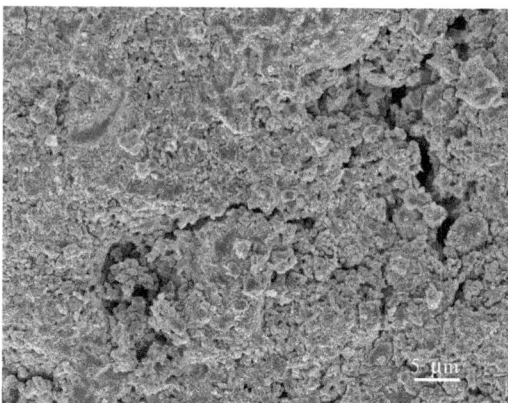

(a) 原始颗粒

(b) 20% PEI-颗粒

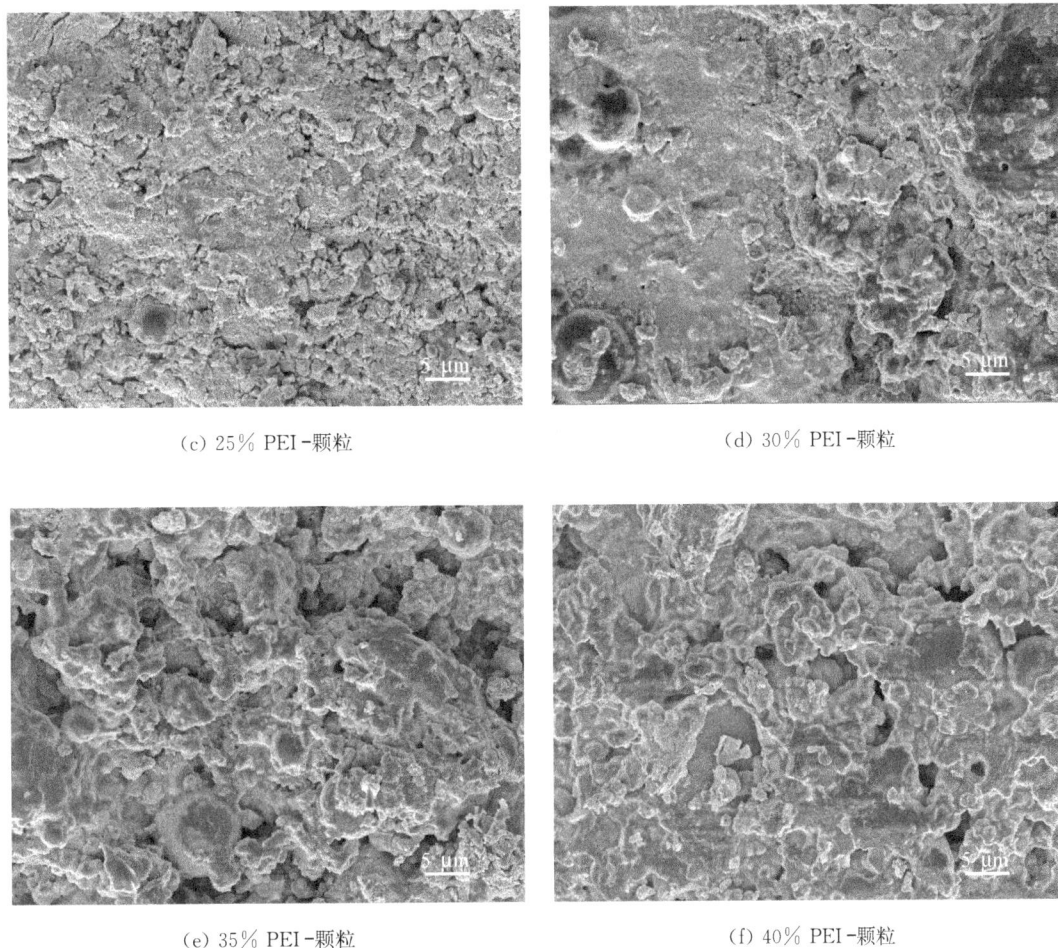

(c) 25％ PEI-颗粒

(d) 30％ PEI-颗粒

(e) 35％ PEI-颗粒

(f) 40％ PEI-颗粒

图 3.4　具有不同 PEI 负载量颗粒的扫描电子显微镜图像

图(e)],由于胺分子的负载较多,颗粒的孔道被逐渐填满,无法再清晰地观察到孔隙结构。当负载量达到 40％时[图(f)],颗粒表面完全被致密的胺所包覆。随着 PEI 负载量的增大,颗粒疏松的孔道及孔隙结构不断消失,最终其外表面趋于光滑平整。

3.3　改性固废基地聚物颗粒的热稳定性分析

图 3.5 所示为具有不同 PEI 负载量颗粒的热重曲线。原始颗粒在 $25\ ℃$ 至 $800\ ℃$ 内表现出最小的重量损失,表明原始颗粒的耐热性较强,热稳定性良好,具备作为胺改性多孔载体的潜力。所有样品在低于 $100\ ℃$ 的温度区间内产生了低于 9% 的重量损失,这主要归因于颗粒孔道内残存水分的蒸发、预吸附的 CO_2 等杂质气体的挥发以及残余的浸渍溶剂无水乙醇的挥发。经过 PEI 改性后的颗粒在约 $310\ ℃$ 开始产生较明显的重量损失,这

是本研究所采用的改性剂 PEI 溶液的沸点温度,失重主要由高温条件下颗粒孔内负载的 PEI 挥发引起。原始颗粒由于本身热稳定性良好且未携带 PEI,从而几乎无重量损失,而其余改性颗粒随着 PEI 负载量的增加其重量损失也逐渐增大。高于 600 ℃后,所有颗粒的地聚物三维网状骨架结构开始逐渐分解、塌陷,导致样品的重量进一步下降,随着地聚物相变转化的完成,最终所有样品的质量趋于稳定。

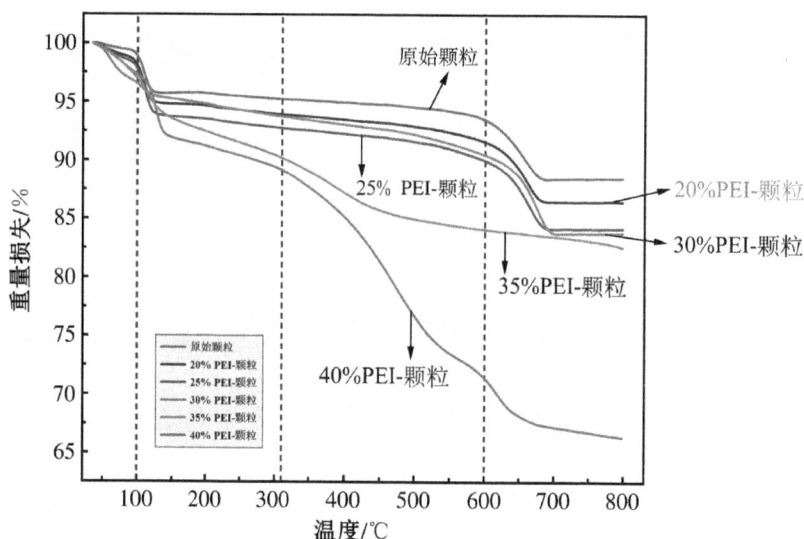

图 3.5　具有不同 PEI 负载量颗粒的热重曲线

同时,由改性固废基地聚物颗粒的热稳定性分析结果可以看出,除去升温初期因水分的蒸发、预吸附杂质气体和无水乙醇的挥发而产生的少量重量损失,所有样品在 200 ℃以内都具备良好的热稳定性。研究发现,在低于 200 ℃的温度范围内,颗粒化学吸附的 CO_2 基本能够完全解吸出来用于抑燃,因此本研究研制的用于抑燃的改性颗粒的热稳定性是达标的。

3.4　本章小结

本章利用工业固废粉煤灰和钢渣为骨料,添加复合碱激发剂、表面活性剂和发泡剂研制出原始固废基地聚物颗粒,并采用聚乙烯亚胺溶液作为改性剂,通过物理浸渍法对原始颗粒进行功能化处理,制得改性固废基地聚物颗粒。测试考察了胺改性前后多孔地聚物颗粒的孔隙结构特征以及微观形貌的变化情况,并分析了材料的热稳定性。

(1)制备的颗粒具有"微孔-介孔-大孔"的多层次孔结构分布,复合型的多孔结构降低了传质阻力,有利于胺浸渍及 CO_2 扩散。随着 PEI 负载量的增加,胺分子不断占据颗粒孔道并包覆其孔表面,使其孔容、孔径与比表面积都逐渐减小。

（2）制备的原始颗粒耐热性较强，具备作为胺改性多孔载体的潜力。改性颗粒在约 310 ℃开始产生的重量损失，归因于高温下改性剂 PEI 的挥发。随着 PEI 负载量的增加，改性颗粒的重量损失不断增大，最终所有样品的质量趋于稳定。所有样品在 200 ℃以内都具备良好的热稳定性，证明本书研制的用于解吸 CO_2 抑燃的改性颗粒热稳定性是达标的。

第4章 改性固碳颗粒吸附解吸 CO_2 防灭火

本章探究改性剂添加量对颗粒吸附 CO_2 的影响,研究改性颗粒稳定吸附 CO_2 的性能与机理,明确改性颗粒固碳性能的最佳环境条件,分析化学稳定吸附 CO_2 后的改性颗粒在升温过程中的 CO_2 解吸控氧抑燃性能。

4.1 改性固废基地聚物颗粒的稳定吸附 CO_2 性能

4.1.1 PEI 负载量对颗粒吸附 CO_2 的影响

图 4.1 为在 298 K、$0\sim1$ bar 下具有不同 PEI 负载量颗粒的 CO_2 吸附等温线。对于原始颗粒,其 CO_2 吸附量整体较少且大体呈线性增加,是物理吸附的经典特征;对于其余不同 PEI 负载量的颗粒,在压力低于 0.1 bar 时其 CO_2 吸附量会随着压力的增大而迅速跃升,超过此临界值后其 CO_2 吸附量的增长速度则趋于缓慢,这是化学吸附的显著特征。随着 PEI 负载量的增大,颗粒的 CO_2 吸附量表现出先增大后减小的趋势,在 PEI 负载量达到 30% 时出现最大值。

结合本书第 3.2.2 节所得到的扫描电子显微镜图像分析,在早期 PEI 负载增加阶段,颗粒的孔道内形成了越来越多的胺活性位点,CO_2 亲和部位增多。颗粒的多层次孔结构使得 PEI 和 CO_2 能较好地分散,从而使 CO_2 分子更有效地接触活性位点,增强其吸附能力。然而,当超过最佳负载量(>30%)时,颗粒的部分孔道被堵塞,部分表面被胺包覆,孔道内及表面均出现团簇,传质阻力增大,阻碍了活性位点的暴露以及 CO_2 的扩散,影响二者的有

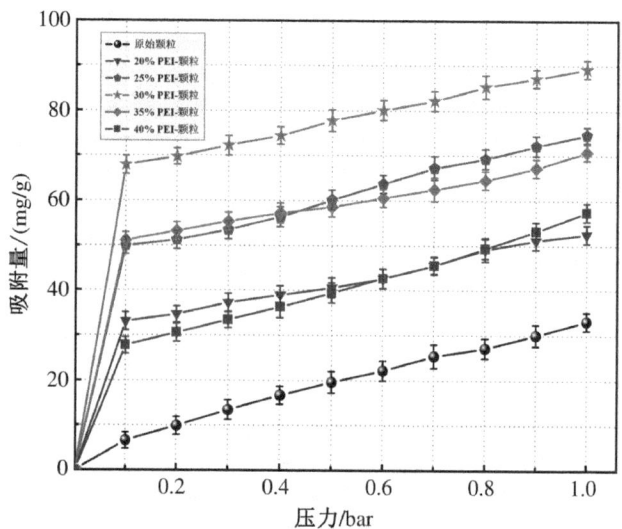

图 4.1 原始颗粒、20%、25%、30%、35% 和 40% PEI-颗粒在 298 K、$0\sim1$ bar 下的 CO_2 吸附等温线

效接触,导致吸附能力下降。此外,过量负载 PEI 会造成胺分子层变厚,使胺的黏性变大,不易均匀分散,同样不利于 CO_2 的吸附。

在常温常压条件下,当 PEI 负载量为 30% 时,颗粒的 CO_2 吸附量达到了 89.27 mg/g。这性能优于其他已发表的通过浸渍法制得的胺改性多孔材料在常温常压下的 CO_2 吸附性能,如图 4.2 所示。

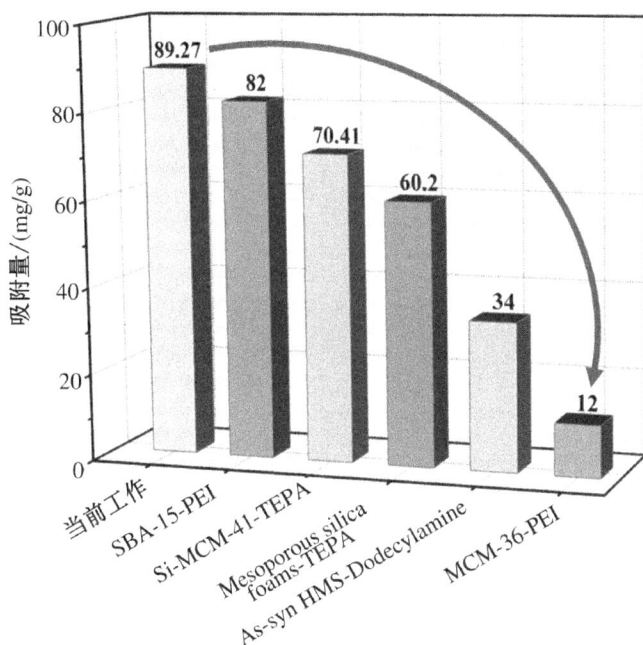

图 4.2　浸渍法制备的胺改性多孔材料在常温常压下的 CO_2 吸附性能与本文研究对比

4.1.2　改性固废基地聚物颗粒对 CO_2 的稳定吸附机理

图 4.3 为原始颗粒、30% PEI -颗粒和吸附 CO_2 后的 30% PEI-颗粒的傅里叶变换红外光谱图。从这些光谱图可知,原始颗粒的红外曲线与 30% PEI -颗粒的红外曲线相比,在 3 450 cm^{-1} 处均显示出 Si—OH 键的伸缩振动峰;在 450 cm^{-1} 处和 970 cm^{-1} 处分别对应于 Si—O—Si 键的弯曲振动峰和非对称伸缩振动峰;在 860 cm^{-1} 处出现颗粒六配位 Al—O 键的拉伸振动峰,这表明即使经过胺改性处理后,材料基本的骨架没有产生变化。

对于 30% PEI -颗粒,在 1 666 cm^{-1} 处出现了仲胺 N—H 键的弯曲振动峰;在 2 940 cm^{-1} 处出现伯胺 C—H 键的对称伸缩振动峰,这表明 PEI 已经成功担载。PEI 改性前后颗粒的元素分析结果如表 4.1 所示。由表 4.1 可知,经过胺改性处理后,颗粒中的 N 元素含量从 0% 增加到了 4.87%,C 元素含量从 5.11% 增加到了 12.32%。N 和 C 元素含量的显著增加主要归因于所负载的 PEI,这与红外光谱测试的结果相一致。

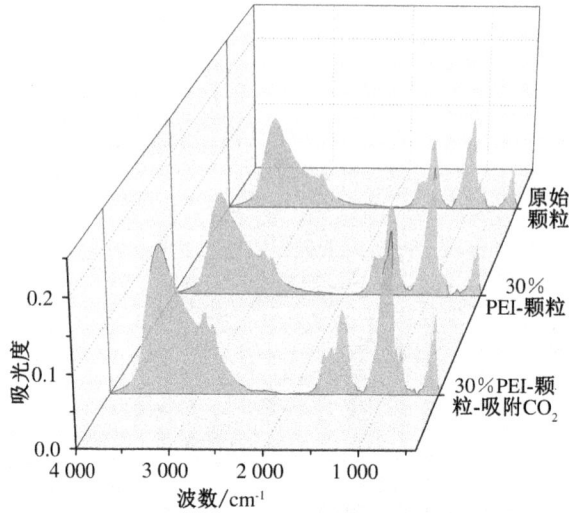

图 4.3 改性及吸附 CO_2 前后颗粒的红外光谱图

表 4.1 颗粒胺改性前后的元素分析结果

样品	元素含量/%		
	N	C	H
原始颗粒	0.00	5.11	1.941
30% PEI-颗粒	4.87	12.32	2.844

吸附 CO_2 后 30% PEI-颗粒在 1 620 cm^{-1} 处吸收峰增强,在 1 540 cm^{-1} 处和 1 410 cm^{-1} 处均出现新的吸收峰,分别对应于 R—NH$_3^+$ 中 N—H 键的变形振动峰、R$_1$R$_2$-NH$_2^+$ 中 N—H 键的伸缩振动峰和 NCOO 的骨架振动峰,这表明生成了氨基甲酸盐与 NCOO 骨架。改性颗粒吸附 CO_2 主要通过胺分子的含氮基团,碱性胺分子与酸性 CO_2 气体发生化学作用,形成稳固的化学键,从而实现有效的固碳。PEI 含有大量反应性较强的伯胺和仲胺,干燥条件下的化学吸附机理如式(4.1)—(4.3)所示,式中 R 为烷基。

$$CO_2 + 2RNH_2 \leftrightarrow RNHCOO^- + RNH_3^+ \tag{4.1}$$

$$CO_2 + 2R_1R_2NH \leftrightarrow R_1R_2NCOO^- + R_1R_2NH_2^+ \tag{4.2}$$

$$CO_2 + RNH_2 + R_1R_2NH \leftrightarrow R_1R_2NCOO^- + RNH_3^+ \tag{4.3}$$

吸附动力学分析用于探究吸附过程随时间的变化情况,以提示吸附机理。当前在气-固相非催化反应中,常用的吸附动力学模型包括孔扩散模型、线性推动力模型、缩核模型和准一级/准二级动力学模型等。孔扩散模型仅适用于研究微孔吸附剂,计算涉及无穷级数,较复杂,实际应用中较少;线性推动力模型面向稳态过程创建,与实际吸附过程差别较大,多用于高压条件,实验中应用会产生较大误差;缩核模型利用吸附样品的重量变化表示其吸附饱和度,而现实吸附过程包含多成分的物质转换,吸附样品重量的变化与其固定的吸附质的量并不相等,因此偏差较大。而准一级/准二级动力学模型是典型的体现吸附特征的模型,涵盖吸附的整个阶段,适用领域广,拟合度高,因此本研究使用准一级/准二级动力学模型研究颗粒的 CO_2 吸附动力学特性。准一级动力学适用于预测物理吸附过程,不考虑化学键的作用;准二级动力学则适用于预测化学吸附的过程。使用准一级和准二级动力学模型拟合实验数据,结果如图 4.4 和表 4.2 所示,拟合相关系数越大,表明该模型对吸附数据的拟合性越好。拟合相关系数表现为 R_2^2 大于 R_1^2,准二级动力学对吸附数据的整体拟合性表现得更为吻合。这表明其吸附 CO_2 的过程中,化学吸附为主导机制,改性后的材料通过化学吸附实现了更加稳定的固碳效果。

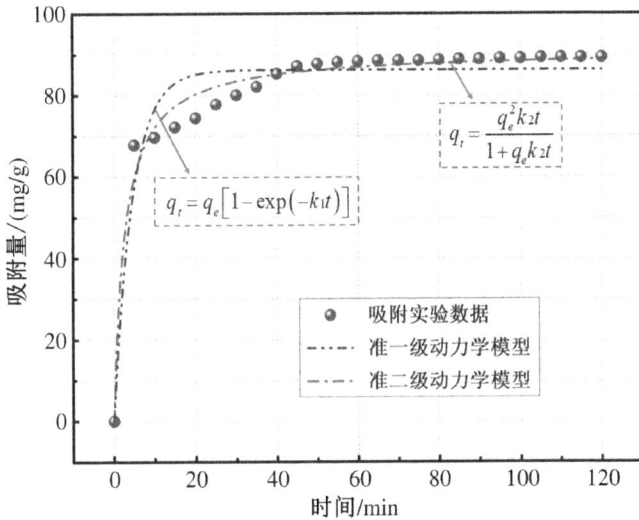

图中公式:
$$q_t = \frac{q_e^2 k_2 t}{1 + q_e k_2 t}$$
$$q_t = q_e[1 - \exp(-k_1 t)]$$

图例:
● 吸附实验数据
—··— 准一级动力学模型
—·— 准二级动力学模型

图 4.4　30% PEI-颗粒在 298 K 下 CO_2 吸附量随时间变化的动力学拟合曲线

表 4.2　吸附动力学相关参数

温度/K	吸附材料	吸附量/(mg/g)	准一级			准二级		
			R_1^2	k_1	q_e	R_2^2	k_2	q_e
298	30% PEI-颗粒	89.27	0.923 86	0.218 79	86.240 87	0.976 83	0.004 26	90.688 50

改性颗粒吸附 CO_2 的过程可以分为以下几个阶段:(1)CO_2 气体由外部环境扩散至改性颗粒的外表面;(2)CO_2 气体由改性颗粒的外表面扩散至其内部孔结构;(3)物理吸附使 CO_2 固定于颗粒的外表面,化学吸附与 CO_2 反应生成含碳有机化合物;(4)胺活性部位全部反应,孔结构被堵塞,最终吸附饱和。此过程中,在吸附的前 45 分钟内,CO_2 吸附量剧增。此阶段化学吸附占据主导地位,化学吸附的反应较快,导致吸附速率较高。随着改性颗粒对 CO_2 的持续吸附,从第 45 分钟至第 120 分钟,CO_2 吸附量缓慢增加并逐渐趋于

平稳,吸附速率减慢。此阶段改性颗粒表面的氨基活性基团与CO_2反应生成产物层,使CO_2的扩散阻力增大。同时,改性颗粒的胺活性位点大多已被占据,CO_2的吸附量逐渐趋于饱和状态。

4.2 改性固废基地聚物颗粒的气体吸附选择性

本文测试并探究了30% PEI-颗粒在298 K、0~1 bar范围内对CO_2的吸附性能,并将其与相同条件下N_2和H_2的吸附性能进行了对比,相关结果如图4.5和表4.3所示。实验数据显示,在0.5 bar以下,N_2和H_2与改性颗粒间的相互作用较弱,吸附量相对较低,随着压力的提升,两种气体的吸附量均有轻微增长。由于N_2与H_2未经过酸碱反应与胺活性分子产生化学转化,因此在改性颗粒上的吸附主要表现为物理吸附,吸附量受颗粒自身的比表面积、孔容及孔径分布等因素的影响较大。而碱性胺活性分子与酸性CO_2气体分子发生化学反应生成了氨基甲酸盐,以化学稳定吸附CO_2的形式实现了更为有效的固碳。根据表4.3的数据,30% PEI-颗粒对N_2和H_2的吸附量分别为5.93 mg/g和9.09 mg/g,远低于其对CO_2的吸附量(89.27 mg/g)。

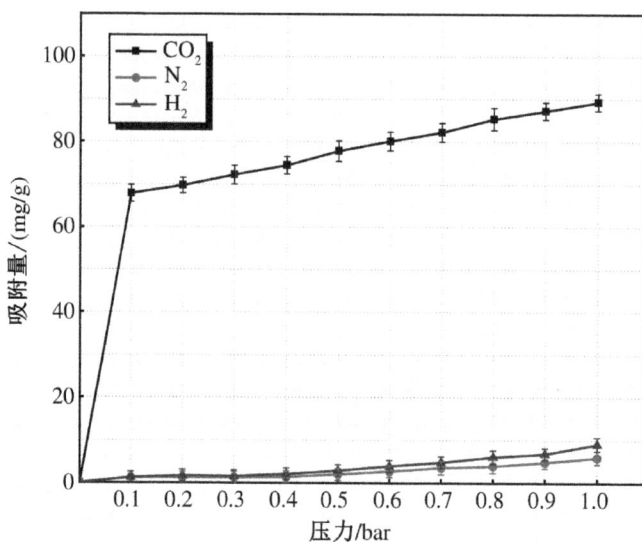

图4.5 30% PEI-颗粒对CO_2、N_2和H_2的吸附等温线

表4.3 30% PEI-颗粒对CO_2、N_2和H_2的吸附性能与吸附选择性的对比

吸附剂	温度/K	吸附量/(mg/g)			纯气体组分选择性	
30% PEI-颗粒	298	CO_2	N_2	H_2	CO_2/N_2	CO_2/H_2
		89.27	5.93	9.09	15.05	9.82

4.3　环境条件对改性颗粒固碳性能的影响及优化

4.3.1　环境条件对改性固废基地聚物颗粒吸附 CO_2 的影响

以温度、压力、相对湿度为影响因素,通过实验测试探究改变不同环境条件对 PEI 改性固废基地聚物颗粒吸附 CO_2 的影响,本节将详细分析各因素的影响规律。

(1) 温度对改性固废基地聚物颗粒吸附 CO_2 的影响

在常温 298 K、常压 1 bar 下,改性地聚物颗粒的最佳 PEI 负载量为 30%。基于此,我们探究了 5 种不同温度(323 K、348 K、373 K、398 K 和 423 K)对 30% PEI-颗粒吸附 CO_2 的影响,实验结果如图 4.6 所示。随着温度逐渐升高(323~373 K),CO_2 的最大吸附量从 89.27 mg/g 增加到 102.76 mg/g。这一现象的原因在于:在升温过程中,改性剂液态 PEI 聚合物的柔韧度提高,流动性与活性增强,扩散阻力减小,从而提高了 PEI 在颗粒孔道内的分散度,增加于胺活性位点也数量;同时温度升高使 CO_2 分子的动能增加,增强了 CO_2 与胺活性位点接触的概率,促进了二者的相互作用,从而提高了改性颗粒的 CO_2 吸附能力。然而,当温度继续升高(超过 373 K),改性颗粒的胺活性位点会被产物层包覆,高温下产物层发生流动还可能会增大 CO_2 的传质阻力,减少胺分子与 CO_2 的有效接触。此外,PEI 改性颗粒吸附 CO_2 是一个放热过程,高温下可能发生脱附,导致颗粒的 CO_2 吸附能力下降。实验结果显示,373 K 是本研究中 30% PEI-颗粒吸附 CO_2 的最佳温度。

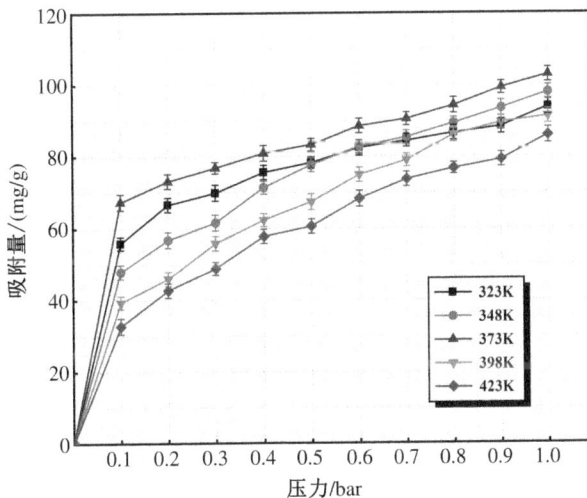

图 4.6　30% PEI-颗粒在 323 K、348 K、373 K、398 K 和 423 K 下的 CO_2 吸附等温线

（2）压力对改性固废基地聚物颗粒吸附 CO_2 的影响

本实验探究了 30% PEI-颗粒在常温 298 K 下,0~30 bar 范围内对 CO_2 的吸附效应,实验结果如图 4.7 所示。在 0~3 bar 的低压范围内,随着压力的不断增大,30% PEI-颗粒的 CO_2 吸附量迅速增加。此后,随着压力的增大 CO_2 吸附量的增长变得越来越缓慢。在低压阶段随着压力的升高,改性颗粒的 CO_2 吸附量剧增,从而导致吸附形式由单分子层吸附转变为多分子层吸附。高压不仅疏通了改性颗粒内的部分气孔,使原本部分封堵的孔隙被气流所突破,从而使 CO_2 气体能够扩散到更多已担载 PEI 活性分子的孔隙内;高压还促使改性颗粒之间发生冲挤,生成外部气孔,并在颗粒的孔隙内引发毛细凝聚现象。这些因素共同作用,导致了 CO_2 吸附量的显著增加。在 298 K、30 bar 的条件下,30% PEI-颗粒的 CO_2 吸附量最高可达到 187.33 mg/g。

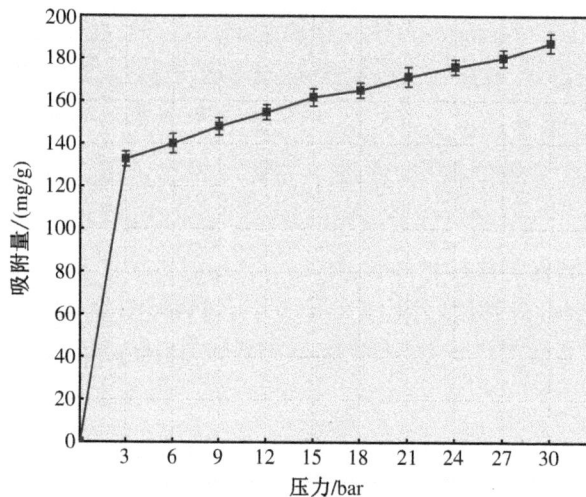

图 4.7　压力对 30% PEI-颗粒吸附 CO_2 的影响

（3）相对湿度对改性固废基地聚物颗粒吸附 CO_2 的影响

如图 4.8 所示,在固定吸附温度 298 K 和吸附压力 1 bar 的条件下,通过实验测试探究了 30% PEI-颗粒在 6 种不同相对湿度条件下对 CO_2 的吸附特性。在无水的干燥条件下,改性颗粒的最高 CO_2 吸附量为 89.27 mg/g。根据干燥条件下的化学吸附机理,每个 CO_2 分子与两个伯胺或仲胺反应,生成氨基甲酸盐。干燥条件下,PEI 内所含有叔胺与 CO_2 不发生反应,而在有定量水汽存在的情况下,叔胺会与 CO_2 反应生成碳酸氢盐,从而促进吸附。改性颗粒在潮湿条件下的吸附机理如式(4.4)所示,其 CO_2 吸附能力随着水汽含量的增加而增强。实验测试结果表明,CO_2 吸附量随着相对湿度的增大而不断增加,水分的存在有效增强了改性颗粒的 CO_2 吸附性能。当相对湿度从 0% 提升至 50% 时,30% PEI-颗粒的 CO_2 吸附量从 89.27 mg/g 提升至 155.37 mg/g;相对湿度进一步提升至 80% 时,CO_2 吸附量持续增加至 169.55 mg/g。从反应(4.4)可以看出,改性颗粒在潮

湿条件下的 CO_2 吸附量理论上是其在干燥条件下的两倍。然而,实际的 CO_2 吸附量低于理论值,可能因为形成碳酸氢盐需要较长的时间,且动态吸附过程中 CO_2 滞留时间较短,无法达到完全反应形成碳酸氢盐的平衡时间;除此以外,反应后的—NH_2 与—NH— 可能以中间态形式存在,并不会完全转化成最终产物。因此,尽管在潮湿条件下改性颗粒的 CO_2 吸附量有所增加,但无法达到理论上的最大值。Serna-Guerrero 等在研究胺功能化二氧化硅材料对 CO_2 的吸附特性时也得出了类似的结论。实验结果还表明,当环境中的水汽含量继续增加(>80%)时,改性颗粒的 CO_2 吸附量逐渐减少。这是由于吸附环境中的水汽过多会在改性颗粒的胺活性位点处形成水膜,阻碍 CO_2 的有效传质,使胺活性位点处的 CO_2 浓度降低。此外,过高的水汽含量还可能导致改性颗粒内部孔道堵塞,进一步阻碍 CO_2 与胺活性位点的有效接触。

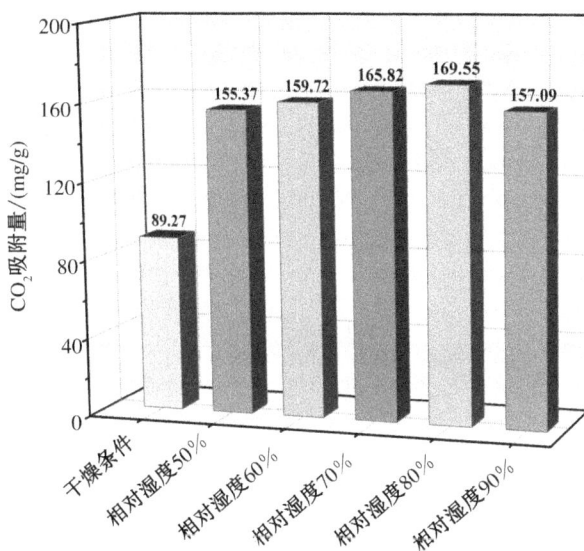

$$CO_2 + R_1R_2R_3N + H_2O \longleftrightarrow R_1R_2R_3NH^+ HCO_3^- \tag{4.4}$$

图 4.8　相对湿度对 30% PEI -颗粒吸附 CO_2 的影响

4.3.2　环境条件对改性固废基地聚物颗粒的抗压强度的影响

以温度、压力、相对湿度作为影响因素,通过实验测试探究了改变不同环境条件对 PEI 改性固废基地聚物颗粒抗压强度的影响,本节将详细分析各因素的影响规律。

(1)温度对改性固废基地聚物颗粒抗压强度的影响

本实验探究了在常压 1 bar 条件下,研究了从常温 298 K 升高至 5 种不同温度 (323 K、348 K、373 K、398 K 和 423 K)对 30% PEI -颗粒抗压强度的影响规律。实验结果表明(如图 4.9 所示),随着温度从 298 K 升至 373 K,30% PEI -颗粒的抗压强度由

173.16 N 逐渐增大至 208.83 N。抗压强度的增加可以归因于温度升高对地聚物颗粒残余地质聚合反应的进一步刺激,以及升温处理对地聚物颗粒的干燥和结构硬化作用,聚合反应与干燥硬化的协调效应有助于提高其抗压强度。然而,当加热温度继续升高至 373 K 以上时,改性颗粒的抗压强度开始逐渐减小,并伴随微观结构的损伤。图 4.10 显示了 30% PEI-颗粒在不同加热温度处理后的扫描电子显微镜(SEM)图像。在温度低于 373 K 时,改性颗粒表现出相对均匀、致密的结构;而当温度超过 373 K 后,(SEM)图像出现了更多的孔隙组织,并伴随产生了一些较大的裂纹。这可能是 373 K 时改性颗粒获得最高抗压强度的原因。相关文献的研究也发现了类似的现象,即当温度超过 373 K 后,地聚物试样的抗压强度逐渐下降,且随着温度持续升高,其抗压强度下降的速率也加快。实验结果表明,373 K 是优化提高 30% PEI-颗粒抗压强度的最佳温度。

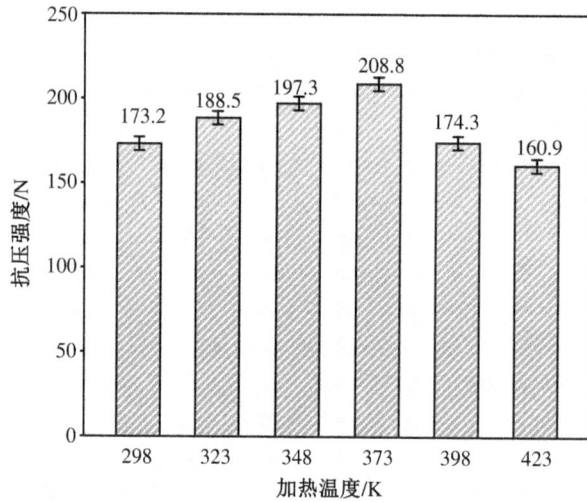

图 4.9 温度对 30% PEI-颗粒的抗压强度的影响

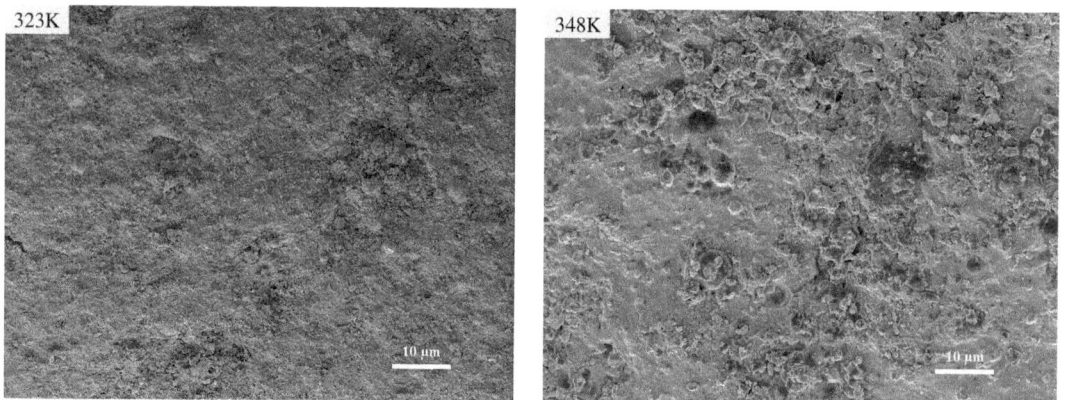

(a) 323 K

(b) 348 K

(c) 373 K

(d) 398 K

(e) 423 K

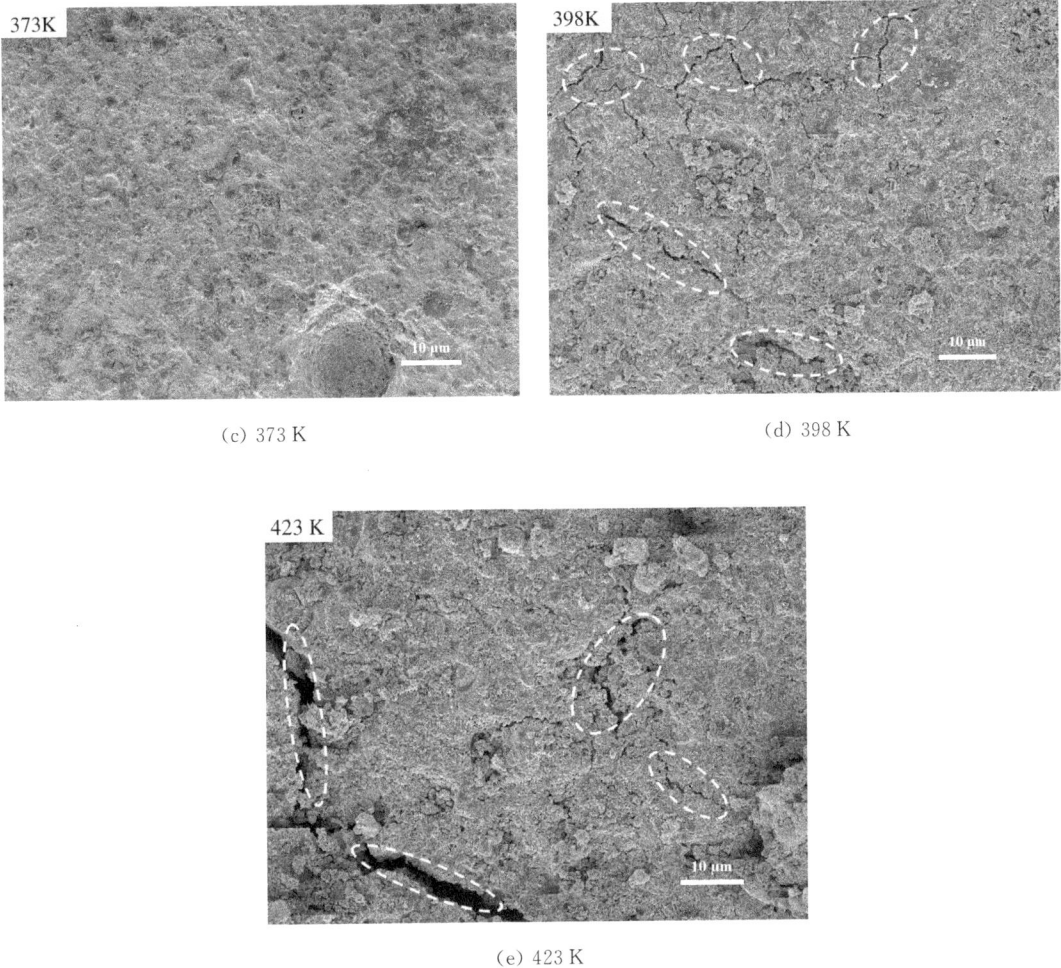

图 4.10　30% PEI-颗粒经不同加热温度处理后的扫描电子显微镜图像

（2）压力对改性固废基地聚物颗粒抗压强度的影响

通过实验测试,探究了 30% PEI-颗粒在常温 298 K、在 1~40 bar 范围内抗压强度的变化规律,实验结果如图 4.11 所示。随着压力的增大,加压初期改性颗粒的抗压强度未产生显著变化。在这一阶段,加压所带来的气体冲击力并未对改性颗粒的骨架结构造成形变或破损,颗粒本身仍保持了地聚物材料原有的无定形三维网状稳定结构,因此初期加压对抗压强度的影响较小。然而,随着压力的进一步增大,尤其是在低压阶段不断加压的过程中,改性颗粒的抗压强度逐渐减小,尤其当压力超过 30 bar 后,改性颗粒的抗压强度显著下降。结合不同压力加压处理后改性颗粒的扫描电子显微镜(SEM)图像(图 4.12)分析,过高的气压会导致改性颗粒内部的孔隙骨架结构产生压裂和破损现象,从而使地聚物颗粒原本的三维网状结构逐渐失去稳定性,大幅降低了改性颗粒的抗压强度。

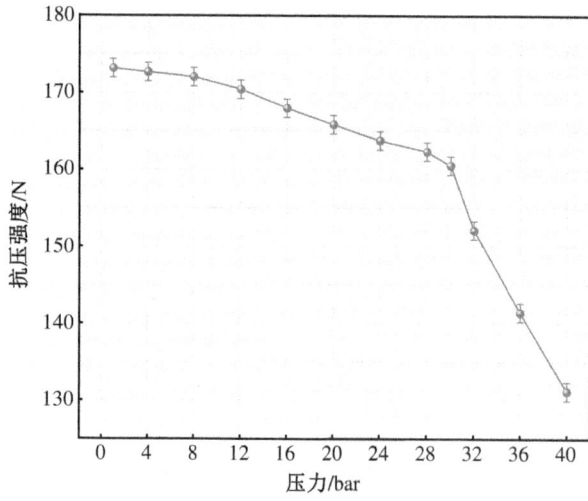

图 4.11　压力对 30％ PEI-颗粒的抗压强度的影响

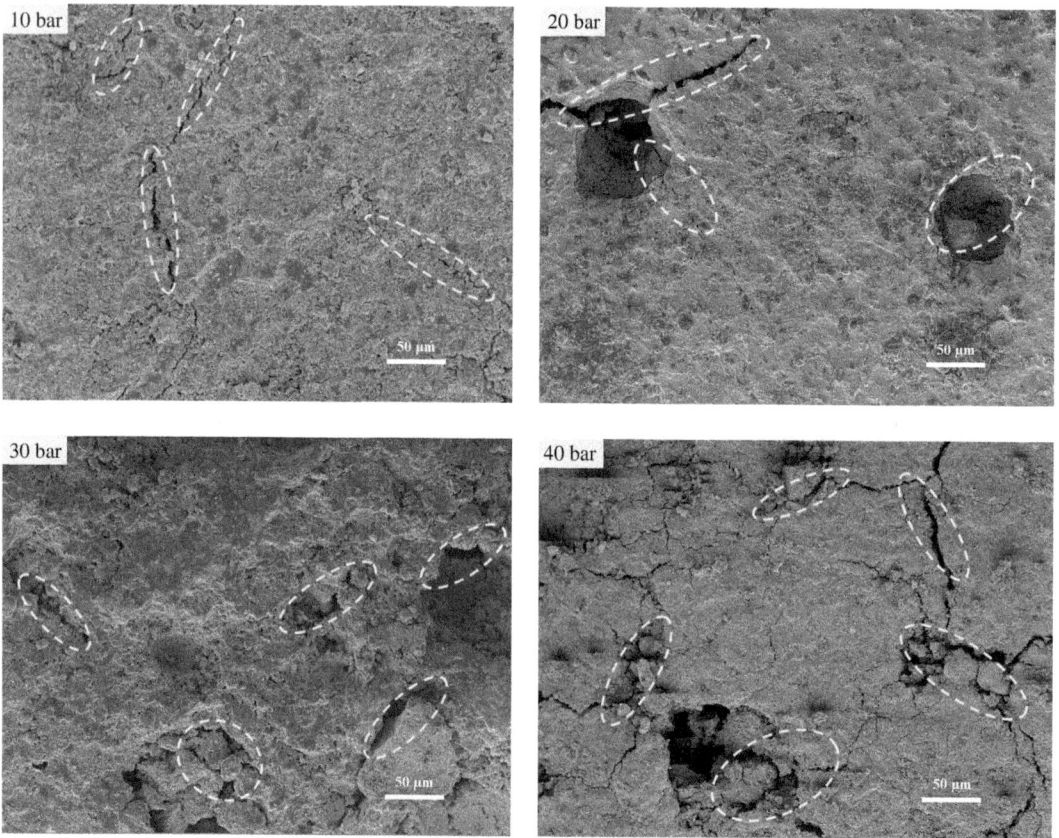

图 4.12　30％ PEI-颗粒在不同压力下加压处理后的扫描电子显微镜图像

（3）相对湿度对改性固废基地聚物颗粒抗压强度的影响

在常温 298 K 和常压 1 bar 条件下，通过实验测试探究了不同相对湿度条件对 30% PEI‐颗粒抗压强度的影响，实验结果如图 4.13 所示。相关文献研究表明，一般环境中水汽含量越高，地聚物试样的抗压强度越低。实验结果显示，随着相对湿度由 0% 持续增大至 80%，改性颗粒的抗压强度逐渐减小；当相对湿度超过 80% 后，改性颗粒的抗压强度显著下降。环境中较高的水汽含量会导致地聚物颗粒在微观层面上产生较大的流动，并使其黏度降低。对地聚物颗粒的前期制备过程有利，但同时会对硬化后地聚物颗粒的抗压强度产生一定的负面影响。

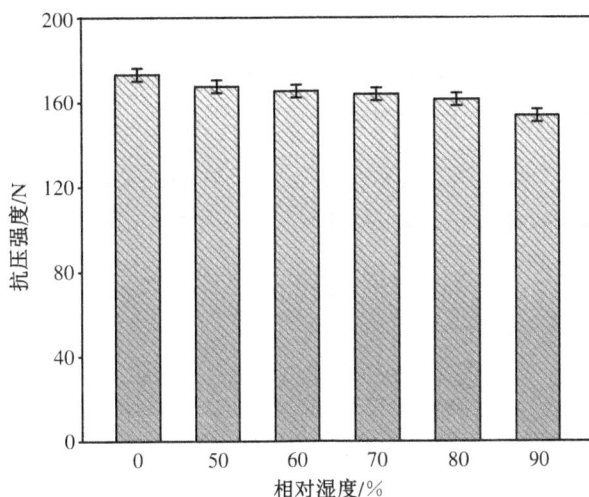

图 4.13　相对湿度对 30% PEI‐颗粒的抗压强度的影响

4.3.3　环境条件优化改性颗粒固碳性能的实验研究

（1）环境条件正交实验方案的设计

吸附剂的宏观形貌、机械强度和经济成本对其运输及大规模实际应用至关重要。抗压强度和化学稳定吸附 CO_2 量是评估颗粒在采空区内固碳与防治煤自燃灾害效果的重要指标。本研究以温度、压力和相对湿度三个环境条件为基础，设计了 3 因素 3 水平的正交实验，确定最优环境条件组合，以提高颗粒的抗压强度和化学稳定吸附 CO_2 量，如表 4.4 所示。通过相关文献调研和前期多次预实验得出以下结论：当温度高于 373 K 时，颗粒吸附 CO_2 的放热过程由解吸控制，主要表现为脱附；当压力超过 30 bar 后，颗粒的部分结构出现较明显的压裂和破损；当相对湿度大于 80% 时，较多的水汽使颗粒间互相黏附并堵塞孔道，阻碍气体的扩散。基于上述结论，各因素选取的三个水平分别为：温度 323 K、348 K 和 373 K；压力 10 bar、20 bar 和 30 bar；相对湿度 60%、70% 和 80%。

69

表 4.4　3 因素水平正交实验因素及水平表

水平	因素		
	温度/K(A)	压力/bar(B)	相对湿度/%(C)
1	323	10	60
2	348	20	70
3	373	30	80

（2）环境条件正交实验的结果及分析

采用在常温常压下 CO_2 吸附量最高的 30% PEI -颗粒进行正交实验，通过改变吸附的环境条件，进一步优化其 CO_2 吸附性能。表 4.5 和图 4.14 显示了 30% PEI -颗粒的 9 组正交实验的测试结果。在实验中 A、B、C 分别代表温度、压力和相对湿度；$K_{ij}(i=1$、$2;j=1、2、3)$ 表示各因素在相应水平的测试均值；$R(R=K_{max}-K_{min})$ 表示各因素在不同水平上的范围，R_1、R_2 分别代表各因素对抗压强度和化学稳定吸附 CO_2 量的影响程度，R 越大表明其对测试指标的影响越大，是需要主要考虑的影响因素。根据 R_1、R_2，可以得出 3 个因素对抗压强度的影响顺序为压力＞相对湿度＞温度，对化学稳定吸附 CO_2 量的影响顺序同样也为压力＞相对湿度＞温度。

表 4.5　环境条件正交实验的结果

测试编号	测试因素			目标参数测试结果	
	A：温度/K	B：压力/bar	C：相对湿度/%	抗压强度/N	化学稳定吸附 CO_2 量/(mg/g)
1	323	10	60	216.57	287.37
2	323	20	70	174.41	334.16
3	323	30	80	104.29	359.74
4	348	10	70	201.61	302.22
5	348	20	80	179.73	283.58
6	348	30	60	88.31	367.13
7	373	10	80	212.36	265.32
8	373	20	60	157.48	322.57
9	373	30	70	142.55	349.69
K_{11}	165.090	210.180	154.120		
K_{12}	156.550	170.540	172.857		
K_{13}	170.797	111.717	165.460		

（续表）

测试编号	测试因素			目标参数测试结果	
	A：温度/K	B：压力/bar	C：相对湿度/%	抗压强度/N	化学稳定吸附CO_2量/(mg/g)
R_1	14.247	98.463	18.737		
K_{21}	327.090	284.970	325.690		
K_{22}	317.643	313.437	328.690		
K_{23}	312.527	358.853	302.880		
R_2	14.563	73.883	25.810		

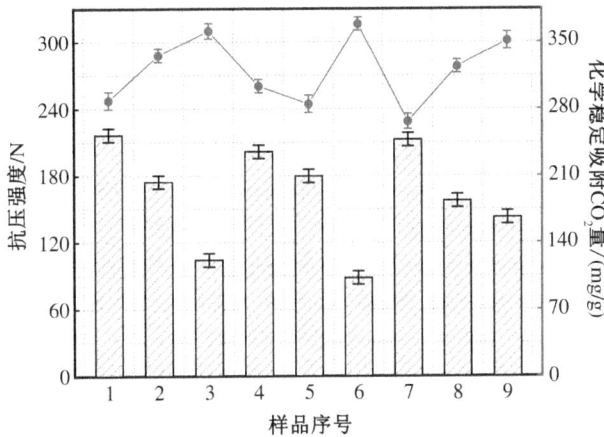

图 4.14　30% PEI-颗粒环境条件正交实验的目标参数测试结果

通过方差分析，计算各因素的 $F_{比}$（各因素的方差 / 各因素的方差和）并进行 F 检验，结合 $F_{临界}$（各种自由度情况下 F 的临界值）进行影响因素的显著性判断。方差分析的结果如表 4.6 和表 4.7 所示。以化学稳定吸附 CO_2 量为目标参数时，A 因子的 $F_{比}$ 为 0.124；以抗压强度为目标参数时，A 因子的 $F_{比}$ 为 0.074。这表明 A 因子对化学稳定吸附 CO_2 量的影响较大。因此，在确定 A 因子时，应选择化学稳定吸附 CO_2 量作为目标参数，K_{21} 为最大值，选取对应的 A_1 作为最优水平。以抗压强度和以化学稳定吸附 CO_2 量为目标参数时，B 因子的 $F_{比}$ 分别为 3.534 和 3.150。因此，应选择以抗压强度为目标参数，并选取与最大均值 K_{11} 对应的 B_1 为最优水平。对 C 因子，以化学稳定吸附 CO_2 量为目标参数的 $F_{比}$（0.452）大于以抗压强度为目标参数的 $F_{比}$（0.128）。因此，应选择以化学稳定吸附 CO_2 量为目标参数，并选取与最大均值 K_{22} 对应的 C_2 作为最优水平。综上所述，确定了最优环境条件的组合为 $A_1B_1C_2$，即温度为 323 K、压力为 10 bar、相对湿度为 70%。在此条件下，改性颗粒不仅具有较高的抗压强度，而且化学稳定吸附 CO_2 量也较高，实验测试结果分别为 212.71 N 和 373.35 mg/g。

表 4.6　抗压强度的方差分析结果

	A	B	C	误差
偏差平方和	308.465	14 726.542	534.369	16 669.29
自由度	2	2	2	
$F_{比}$	0.074	3.534	0.128	
$F_{临界(0.10)}$	3.110	3.110	3.110	
显著性	不显著	显著	不显著	

表 4.7　化学稳定吸附 CO_2 量的方差分析结果

	A	B	C	误差
偏差平方和	327.510	8 331.772	1 195.452	10 578.77
自由度	2	2	2	
$F_{比}$	0.124	3.150	0.452	
$F_{临界(0.10)}$	3.110	3.110	3.110	
显著性	不显著	显著	不显著	

4.4　改性固碳颗粒温敏解吸 CO_2 控氧抑燃特性

为进一步探究已经化学稳定吸附 CO_2 后的 30% PEI -颗粒在加热升温过程中的温敏解吸 CO_2 性能及规律,本研究考察了颗粒经过长期存放,浸水处理以及挤压破碎处理等因素对其温敏解吸 CO_2 的影响。通过透明密闭箱体实验及程序升温实验,测试了添加改性颗粒后升温过程中其控氧抑燃的实际效果。

4.4.1　升温过程改性固废基地聚物颗粒温敏解吸 CO_2 特性

本文探究了已经化学稳定吸附 CO_2 后的 30% PEI -颗粒在加热升温过程中其 CO_2 解吸量和解吸速率随温度的变化规律,实验结果如图 4.15 所示。由 CO_2 解吸曲线可以看出,曲线大致呈"上凸"状。已经化学稳定吸附了 CO_2 的改性颗粒在加热升温过程中,其 CO_2 解吸量不断增大。在升温的前期(298~398 K), CO_2 解吸量迅速上升;之后的升温过程(398~473 K), CO_2 解吸量逐渐平缓地增加,直至所有稳定吸附的 CO_2 完全解吸。在整个升温过程中,前期改性颗粒的 CO_2 解吸速率较快,后期解吸速率则逐渐减慢。这是由于胺改性多孔颗粒温敏解吸 CO_2 过程与其生成的氨基甲酸盐/碳酸氢盐的受热分解密切相关,同时解吸动力学受到其孔隙结构和化学官能团的控制。实验结果显示,当温度升高至 348 K 时,改性颗粒的 CO_2 解吸量已经达到 242.66 mg/g,占材料总解吸量 (373.35 mg/g) 的约 65%。由此可知,改性颗粒在 348 K 之前的温敏解析较为集中,这与煤由低温缓慢氧化向快速氧化阶段过渡的温度一致,表明改性颗粒在升温过程中解吸 CO_2 可以有效抑制煤的缓慢氧化过程,避免煤温迅速升高,进入难以控制的快速氧化阶段。温度继续升高时,CO_2 随之持续解吸直至解吸完全。实验结果进一步表明,已经稳定吸附了 CO_2 的改性颗粒充填至采空区后,能够在煤的低温氧化过程(常温－200℃)中解吸 CO_2,在煤自燃发火的前期有效抑制煤的自燃,并且解吸过程贯穿整个升温过程,实现持续有效的抑燃效果。

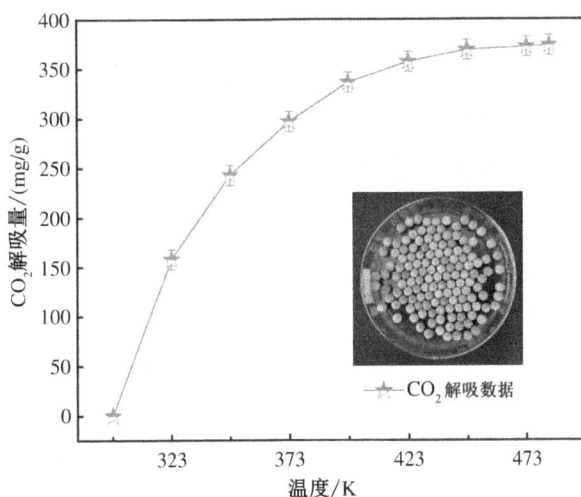

图 4.15　稳定吸附 CO_2 后的改性颗粒在加热升温过程中的 CO_2 解吸曲线

4.4.2　长期存放、浸水处理、挤压破碎对改性颗粒温敏解吸 CO_2 的影响

图 4.16—图 4.18 的实验测试结果显示,已经稳定吸附了 CO_2 的改性颗粒在经过长期存放、浸水处理和挤压破碎等操作后,对其温敏解吸 CO_2 的影响。由图中可以看出,已经稳定吸附了 CO_2 的改性颗粒在经过 30 天的堆存后,进行加热升温解吸 CO_2,其解吸曲线的变化趋势总体上与处理前相同。在升温的初期,二者没有明显差别。随着温度持续升高,经过长期存放处理后的改性颗粒在各个升温节点处的 CO_2 解吸量与未处理颗粒的解吸量相比开始略微下降。温度继续升高,二者的 CO_2 解吸量差值逐渐变大,但总体上各差值均未超过 14.02 mg/g。这表明经过一段时间的堆存处理对改性颗粒自身稳定的表面化学性质影响极小。经过浸水处理后的改性颗粒在整个升温过程中其 CO_2 解吸量均略低于未经处理的改性颗粒,解吸曲线的变化趋势与处理前基本一致,二者的 CO_2 解吸量之差均不超过 17.05 mg/g。改性颗粒经过浸水处理后,水分子的存在可能导致颗粒孔隙结构的堵塞,并且在加热升温过程中水分的蒸发会吸收一部分热量,这两者协同作用

影响其 CO_2 的解吸过程。挤压破碎处理并未对改性颗粒所形成的稳定化学键造成本质上的改变或破坏。因此,经过挤压破碎处理后的改性颗粒在升温过程中的 CO_2 解吸曲线变化趋势与处理前也基本相同,二者在各节点的 CO_2 解吸量差别同样很小,均不超过 15.06 mg/g。

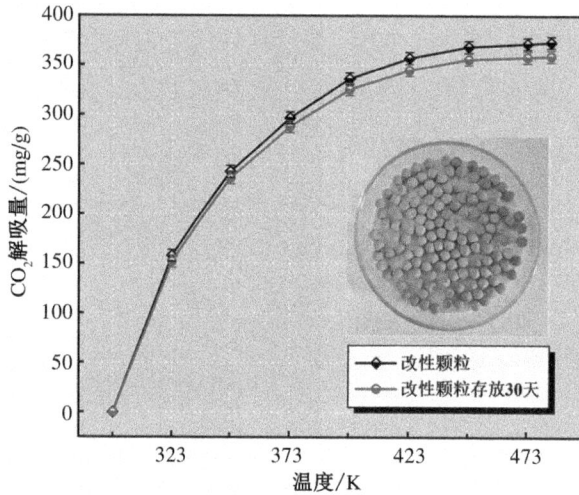

图 4.16　存放 30 天后的改性颗粒在升温过程中 CO_2 解吸量随温度的变化规律

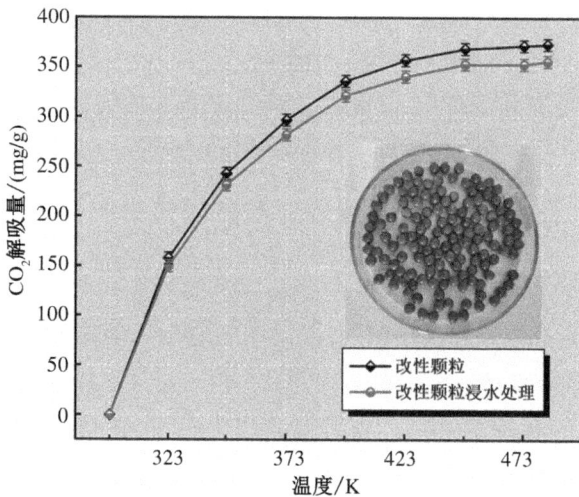

图 4.17　浸水处理后的改性颗粒在升温过程中 CO_2 解吸量随温度的变化规律

以上实验结果表明,已经稳定吸附了 CO_2 的改性颗粒,无论是在经过长时间的堆存处理、浸水处理还是挤压破碎处理后,对其升温过程中的温敏解吸 CO_2 影响都很小。通过本实验,进一步论证了以改性固废基地聚物颗粒为载体实现化学稳定固碳并通过水基泡沫等流体相将改性颗粒输送至煤矿采空区,温敏释放 CO_2 以实现高效防灭火的实际可行性。

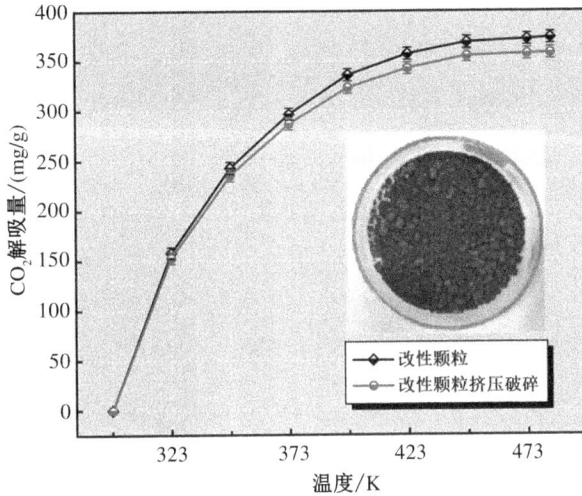

图 4.18　挤压破碎后的改性颗粒在升温过程中 CO_2 解吸量随温度的变化规律

4.4.3　改性固废基地聚物颗粒的控氧抑燃效果

由稳定吸附 CO_2 后的改性颗粒在加热升温过程中的 CO_2 解吸规律可知,当温度从常温升高至 75℃ 时,改性颗粒即可释放出 CO_2 解吸总量(373.35 mg/g)的约 65%(242.66 mg/g)。这表明改性颗粒在煤自燃发火的前期即可温敏解吸大量 CO_2,以抑制燃烧。在此基础上,通过透明密闭箱体实验和空白对照实验,进一步探究改性固废基地聚物颗粒在常温受热升温至75℃过程中对燃烧的实际抑制效果,以验证其在实际应用中的可行性。

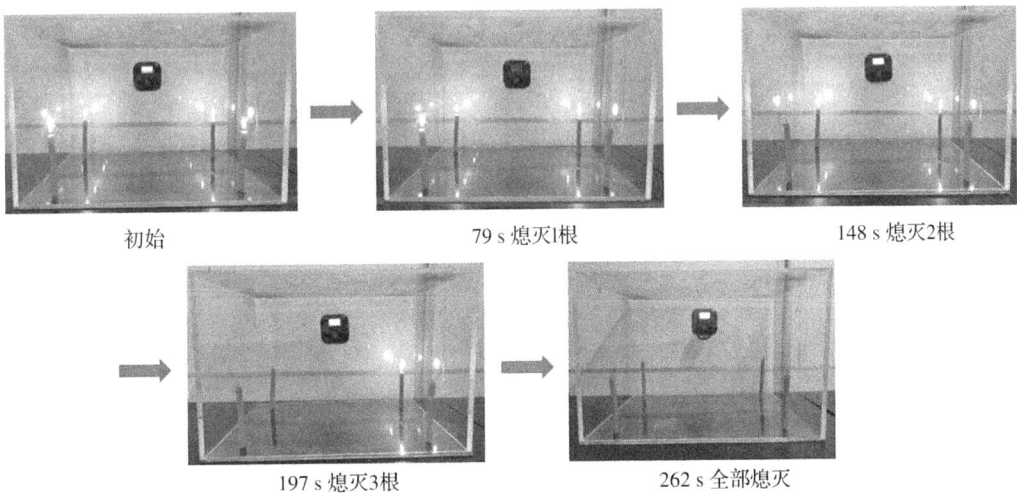

图 4.19　空白对照实验(四角布置蜡烛)蜡烛的燃烧情况

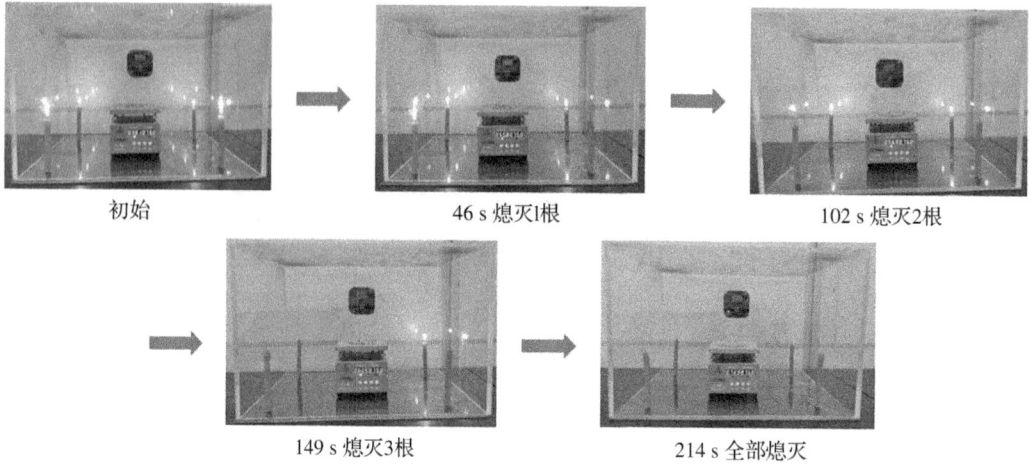

图 4.20　透明密闭箱体实验(四角布置蜡烛)蜡烛的燃烧情况

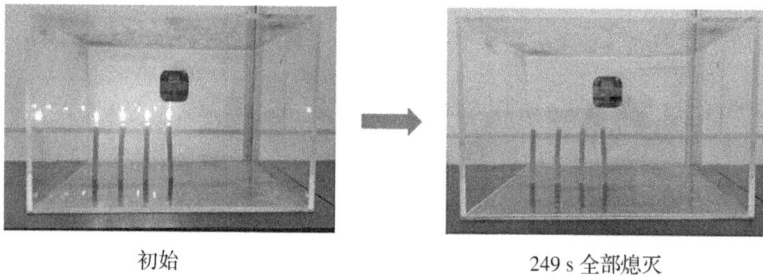

图 4.21　空白对照实验(一排布置蜡烛)蜡烛的燃烧情况

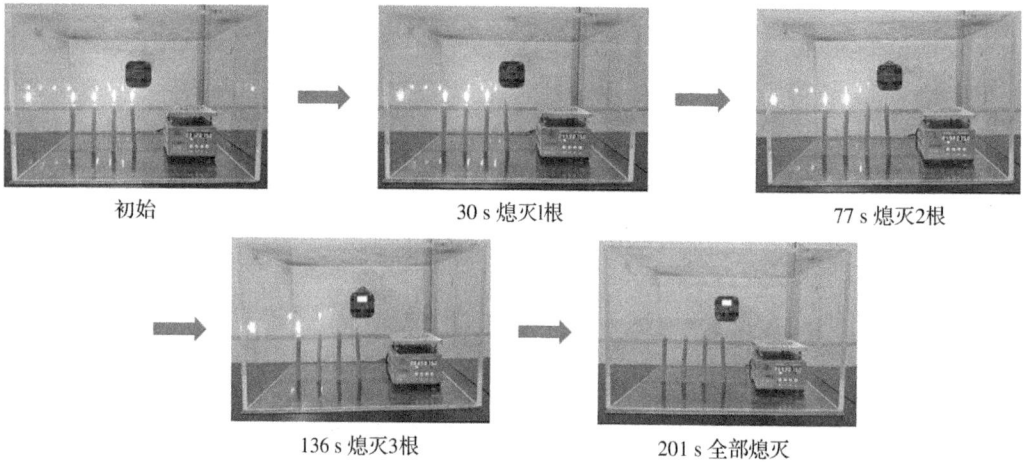

图 4.22　透明密闭箱体实验(一排布置蜡烛)蜡烛的燃烧情况

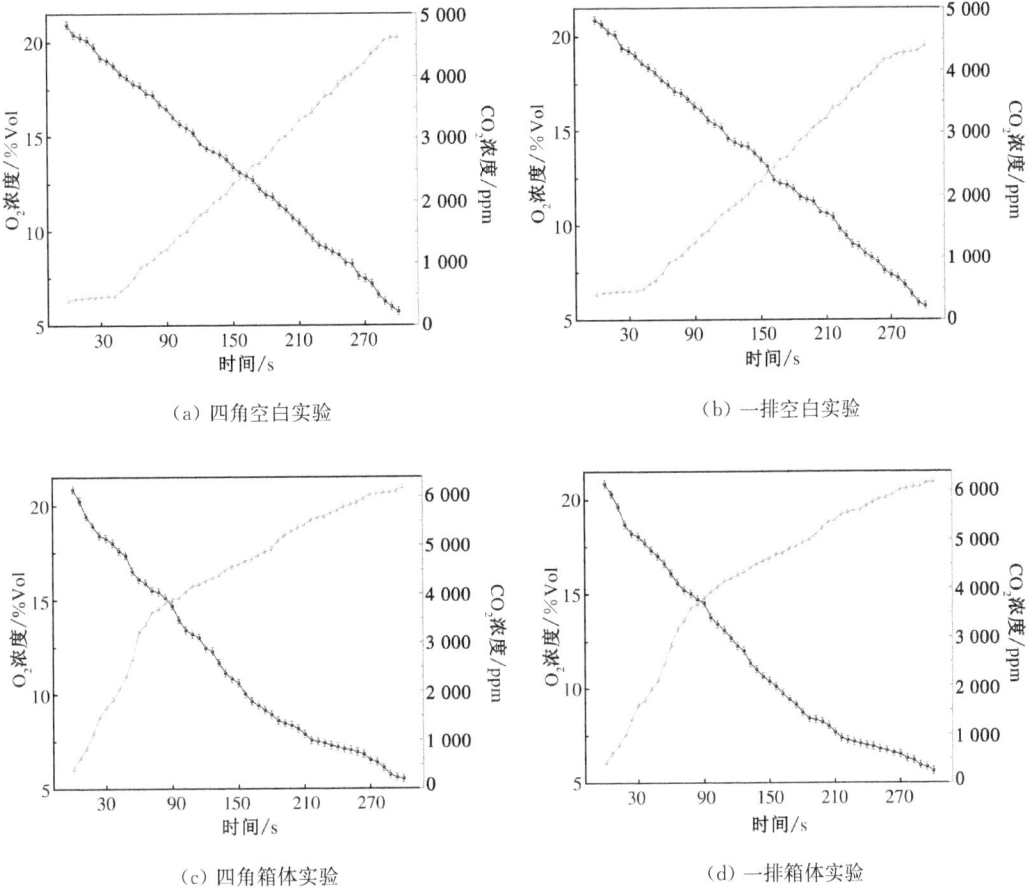

（a）四角空白实验　　　　　　　　　（b）一排空白实验

（c）四角箱体实验　　　　　　　　　（d）一排箱体实验

图 4.23　实验过程中二氧化碳和氧气的气体浓度变化情况

　　如图 4.19 和图 4.21 分别展示了采用四角布置蜡烛和一排布置蜡烛时，空白对照实验（未放置加热台与改性颗粒）中蜡烛的燃烧过程。可以观察到，随着实验的进行，四角布置的燃烧蜡烛逐根熄灭，而一排布置的燃烧蜡烛几乎同时熄灭。如图 4.20 和图 4.22 所示，分别展示了在透明密闭箱体内放置加热台和改性颗粒后，采用以上两种同样的布置方式时蜡烛的燃烧过程。随着实验的进行，四角布置的燃烧蜡烛逐根迅速熄灭，一排布置的燃烧蜡烛则由接近加热台的位置开始逐根熄灭。通过与空白对照实验进行对比，可以发现对改性颗粒进行集中加热后，密闭箱体内蜡烛的燃烧时长变得更短，熄灭速度更快。实验过程中二氧化碳和氧气的气体浓度变化情况如图 4.23 所示。在透明密闭箱体内，所有实验中蜡烛的燃烧过程都伴随着氧气浓度的持续下降和二氧化碳浓度的持续上升。在空白对照实验中，密闭箱体内现有的氧气直接参与燃烧反应，使其原有的氧气被不断消耗，因此内部氧气浓度逐渐降低；由于箱体是完全密闭的，氧气无法由外部进行补充，所以其浓度的下降是不可逆的，这导致蜡烛燃烧的火焰逐渐变得微弱直至熄灭。同时，蜡烛在燃烧过程中碳元素与氧气结合生成二氧化碳，使密闭箱体内二氧化碳的浓度逐渐上升。在透明密闭箱体内放入定量稳定吸附了二氧化碳的改性颗粒后,改性颗粒在加热台集中受热的过程中温敏解吸释放出大量二氧化碳。释放的二氧化碳由颗粒附近向密闭箱体内部的四周不断扩散,致使密闭箱体内二氧化碳的浓度迅速升高。释放的惰性气体二氧化碳不会参与燃烧反应而被消耗,所以其浓度的升高同样是持续且不可逆的,这进一步有效抑制了燃烧过程。

实验结果表明,添加改性颗粒后,颗粒在受热过程中能够温敏解吸释放出大量稳定吸附的二氧化碳,进而使密闭箱体内二氧化碳的浓度不断升高,氧气的浓度不断降低。这种气体浓度变化所产生的协同惰化效果对燃烧起到了显著的抑制作用,改性固废基地聚物颗粒具备良好的实际抑燃效果。

本节通过煤自燃特性综合测试系统对改性固废基地聚物颗粒抑制煤自燃的效果进行了测试。在程序升温测试过程当中,初期炉温要高于煤样温度。随着煤氧持续进行反应,煤样温度会逐渐超过炉温。此时,煤样温度曲线与炉温曲线相交,交点对应的温度为交叉点温度(CPT)。交叉点温度是衡量煤自燃危险性大小的关键参数。交叉点温度越高,表明煤的自燃危险性越小。实验测试的结果如图 4.24 所示。

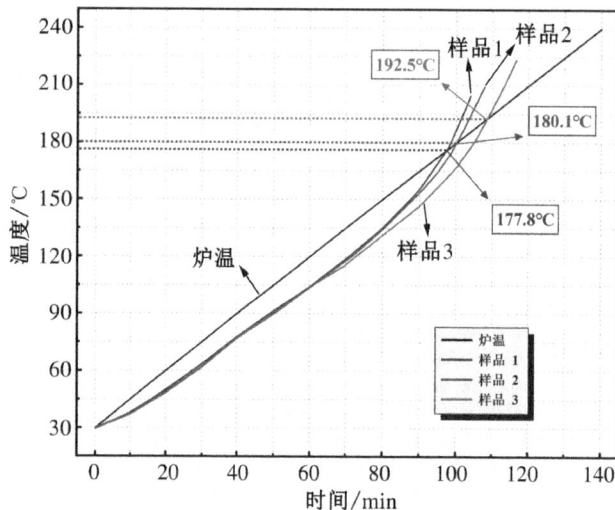

图 4.24　各煤样的交叉点温度曲线

对于 3 号样品,其交叉点温度最高,达到 192.5℃,较 1 号样品(177.8℃)和 2 号样品(180.1℃)分别升高了 14.7℃ 和 12.4℃。交叉点温度的提高表明添加改性颗粒后能有效阻碍煤样的氧化,抑制煤的自热升温。对于 2 号样品,颗粒对煤样进行了稀释,阻碍了氧气的传质,同时促进了热传递,导致其交叉点温度相较于 1 号样品略有提高。3 号样品的交叉点温度最高,自燃危险性显著降低。这是因为在升温过程中,添加的颗粒温敏解吸 CO_2,CO_2 在煤样罐的内部空间不断扩散,稀释煤体周围的氧浓度,并对煤体形成包裹,阻隔煤与氧过多的接触,使煤体处于缺氧环境,不易发生氧化。同时,解吸的 CO_2 还具有一定的化学抑制作用,能捕获并消灭活化分子,阻断煤自燃的逐级链式反应。

该实验测试结果进一步表明,采空区充填了吸附 CO_2 的改性颗粒后,如若发生遗煤自燃,颗粒能够温敏解吸 CO_2,稀释氧浓度,避免火源的快速蔓延,抑制火源的发展,从而实现定向高效地惰化采空区,因此具有较好的抑制煤自燃的效果。

4.5　本章小结

本章探究了胺负载量对颗粒吸附 CO_2 的影响,明确了不同的环境条件对改性固废基地聚物颗粒固碳性能的影响规律,测试了化学稳定吸附 CO_2 后的改性颗粒在升温过程中的 CO_2 解吸特性,并分析了添加稳定吸附 CO_2 的改性颗粒后其温敏解吸 CO_2 控氧抑燃的效果。

(1) 以抗压强度和化学稳定吸附 CO_2 量为目标参数,基于正交实验确定了吸附环境条件的最优组合,即温度、压力、相对湿度分别为 323 K、10 bar、70%。在此条件下,改性地聚物颗粒不仅具有较高的抗压强度(212.71 N),其化学稳定吸附 CO_2 量也较高(373.35 mg/g)。

(2) 探究了稳定固碳后改性颗粒升温过程中的 CO_2 解吸特性。升温前期,颗粒能温敏解吸大量 CO_2(242.66 mg/g),且解吸贯穿整个升温过程。长期存放、浸水及挤压破碎对颗粒温敏解吸 CO_2 的影响很小,验证了以改性颗粒为载体稳定固碳、以水基泡沫等流体将其输送至采空区高效防灭火的实际可行性。通过透明密闭箱体实验及程序升温实验,观察并测试了颗粒的宏观抑燃效果及其对煤自燃的抑制效果。升温颗粒温敏解吸大量 CO_2,密闭箱体内二氧化碳浓度显著增加,氧气浓度不断减少,宏观抑燃效果显著。煤样添加稳定吸附了 CO_2 的颗粒后,其交叉点温度显著提高。升温过程中,颗粒持续大量解吸 CO_2,降低煤表面的氧浓度,具有良好的抑燃效果。

第5章　碳酸化废料制备凝胶颗粒流体防灭火

本章基于工业碱性固废,利用溶液聚合法制备出一种双网络凝胶颗粒,研究了凝胶颗粒的吸水膨胀、阻燃和灭火等性能及交联机理,探究了凝胶颗粒在采空区的堵漏风效果及其影响因素,明确了凝胶颗粒的堵漏风防灭火性能。

5.1　新型封堵凝胶颗粒的制备

5.1.1　原材料性质及制备方法

选用天然高分子聚合物作为单体 A(LS,木质素)、单体 B(SA,海藻酸盐)和单体 C(AA,有机化合物),交联剂选用 N,N′-亚甲基双丙烯酰胺(MBA),引发剂选用过硫酸铵(APS),工业固废电石渣为钙离子源。去离子水由实验室制备。其中,LS 相对分子质量为 534.51;AA 浓度为 99.5%;APS 相对分子质量 228.20;电石渣氧化钙含量 95.963%,二氧化硅 1.429%,氧化铝 0.982%,氧化钠 0.646%,氧化镁 0.263%,氧化铁 0.21%,其他 0.507%。实验主要原料如表 5.1 所示。

表 5.1　实验原料

序号	名称	参数	生产厂家
1	单体 A(LS)	分析纯	上海阿拉丁生化科技股份有限公司
2	单体 B(SA)	分析纯	天津市光复精细化工研究所
3	单体 C(AA)	分析纯	成都市科隆化学品有限公司
4	N,N′-亚甲基双丙烯酰胺(MBA)	分析纯	上海麦克林生化科技有限公司
5	过硫酸铵(APS)	分析纯	自成都市科隆化学品有限公司
6	电石渣	工业级	元亨净水材料厂

双网络凝胶颗粒可以实现各个单体材料的优势互补,因此,掌握 LS、SA、AA 自身的性质,有助于深入研究双网络凝胶颗粒的性能。

单体 A(LS)

木质素是自然界中含量第二的天然高分子聚合物,广泛存在于植物纤维中,是构成植物骨架的重要成分之一,也是唯一能从可再生资源中提取芳香族结构的有机化合物。由于芳香族结构的存在,木质素具有很好的热稳定性。大量研究结果显示,将木质素加入高分子聚合物中可以显著提高材料的耐热性和阻燃性。工业木质素主要分为两类:碱木质素和木质素磺酸盐。碱木质素是制浆的副产品,水溶性较差且分子量较低,所以应用范围比较局限。木质素磺酸盐是亚硫酸盐法制浆的副产品,外表呈棕黄色,含有磺酸基(—SO_3H)、羟基(—OH)和羧基(—$COOH$)等亲水基团,可以进行接枝共聚、缩合、磺化和氧化等反应,从而扩展其应用领域。此外,木质素磺酸盐拥有良好的水溶性,易溶于不同酸碱程度的水溶液中,在溶液中电离产生阴离子,呈电负性,可以吸附水溶液中的悬浮颗粒,常被用作分散剂或阴离子表面活性剂。目前该类材料因价格低廉、产量丰富已被广泛应用于高分子材料、医药和石油钻探等领域。将木质素磺酸盐制备成凝胶材料,可以显著提升材料的多种性能。因此,本文选择木质素磺酸盐(LS)作为第一网络结构的交联单体 A。

单体 B(SA)

海藻酸盐是大量存在于马尾藻和海带中的多糖高分子聚合物,分子式为 $(C_6H_7O_6Na)_n$,其中 $n=80\sim750$。海藻酸盐也称为褐藻酸盐,是由 α-L-古罗糖醛酸(G 单元)和 β-D-甘露糖醛酸(M 单元)通过 1,4-糖苷键组成。分子链由不规则的 GGG 和 MMM 片段构成,G 单元和 M 单元的组合方式和比率影响整体的结构和性质。海藻酸盐粉末呈黄白色,无毒无味,在室温下易溶于水形成溶胶,但不能溶于醇、醚等有机溶剂。其分子链上存在大量羟基(—OH)和羧基(—$COOH$),使其具有良好的吸水性,可以与多价金属阳离子(Ca^{2+}、Fe^{2+}、Cu^{2+} 等)发生离子交换,产生螯合反应生成水凝胶。通过共价交联也可以获得海藻酸盐水凝胶,赖氨酸和己二酸二酰肼可以当作交联剂。海藻酸盐是从自然界中提取的天然高分子聚合物,来源广泛,价格低廉,具有很好的稳定性、螯合性和成膜性。目前,海藻酸盐已广泛应用于食品行业、纺织行业等,因此,本文选用海藻酸盐(SA)作为单体 B,与电石渣澄清液(Ca^{2+})进行螯合反应,形成第二网络凝胶。

单体 C(AA)

单体 C 是一种重要的有机化合物及合成树脂单体,无色液体,可以与钠盐通过引发剂聚合形成聚合物,是一种水溶性很好的新型高分子有机化合物。单体 A 与单体 C 能发生接枝共聚反应,其产物具有很好的分散性,不会对人体组织造成损害,且燃烧不会产生大量的有毒气体。单体 C 的分子链包含大量的亲水基团,具有较强的亲水性,目前已作为吸附剂广泛用于废水处理领域。因此,本文选用单体 C 为聚合单体。

聚合物凝胶的制备方法主要包括溶液聚合法、反相乳液聚合法和本体聚合法。溶液聚合法指用水作溶剂,多个单体在水中发生聚合和交联反应,形成凝胶的方法;反相乳液聚合法指用油相有机溶剂作为溶剂,加入悬浮剂或强烈搅拌使单体在溶剂中分散形成悬浮液滴的聚合方法;本体聚合法指不添加任何介质,单体在光、辐射或热的条件下直接进行反应的方法。本研究制备的新型堵漏风凝胶颗粒,用水作为溶剂相对稳定且没有毒性,实验室操作简单,难度不高。因此,采用溶液聚合法进行制备。

5.1.2 凝胶颗粒的制备及基本性能研究

(1)双网络凝胶颗粒的制备过程

① 按照不同配比将 SA 和去离子水混合,置于 55 ℃恒温水浴锅中搅拌 2 h,得到 SA 水溶液;配制一定浓度的电石渣溶液,静置 24 h 后得到富含钙离子的电石渣澄清液;

② 将定量的 LS 和 SA 溶液加入烧杯中,以 500 r/min 的转速搅拌 10 min,使单体全部溶解;

③ 向溶液中分别加入 AA、MBA 和 APS,继续搅拌 10 min,然后将混合液转移到封闭容器中,置于固定温度的水浴锅中恒温加热 4 h,得到 LS 和 AA 交联单网络结构凝胶;

④ 将该凝胶放入固定浓度的电石渣澄清液中,与钙离子进行离子交联,24 h 后取出并用蒸馏水清洗,得到双网络结构凝胶;

⑤ 将双网络凝胶在 80 ℃的真空干燥箱中干燥 48 h,得到干凝胶;利用破碎机将干凝胶打碎成颗粒,并筛分得到在 10～300 目范围内的干凝胶颗粒,密封保存备用。

双网络凝胶颗粒的制备工艺如图 5.1 所示。

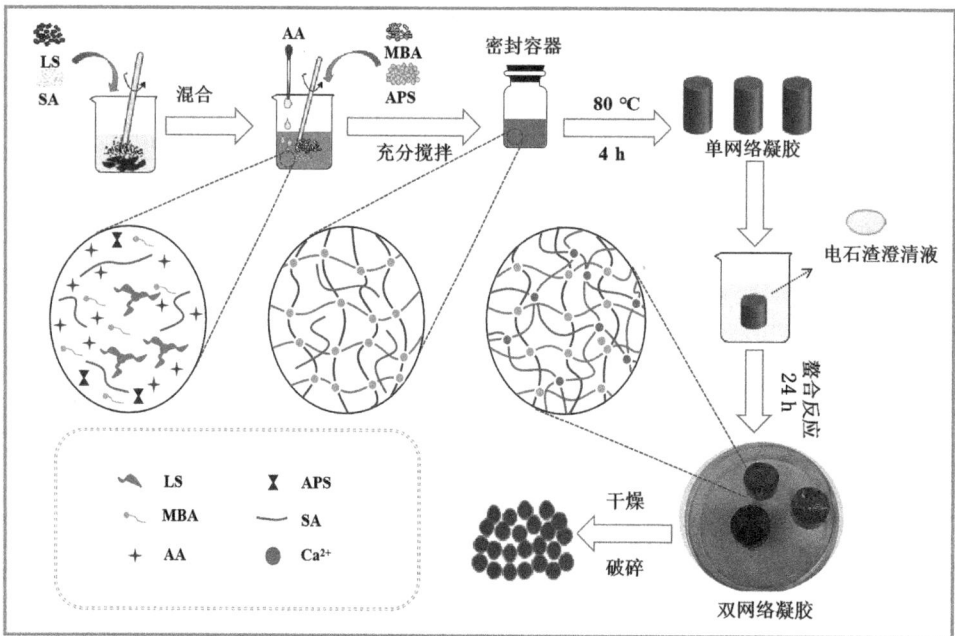

图 5.1 双网络凝胶颗粒的制备工艺

5.1.3　堵漏风凝胶颗粒正交优化实验

（1）正交实验方案

本实验以单体、交联剂、引发剂的添加量为因素设计正交试验。通过前期预实验可知，当 LS 浓度小于 0.5 wt％时，制得的单网络凝胶黏度太小，当 LS 浓度大于 2 wt％时，制得的单网络凝胶黏度太大，因此选用 LS 浓度在 0.5 wt％～2 wt％之间。当 SA 浓度小于 0.25 wt％时，SA 溶液不呈胶状；当 SA 浓度大于 1 wt％时，SA 溶液过于浓稠，因此选用 SA 浓度在 0.25 wt％～1 wt％之间。当 AA 浓度小于 10 wt％时，凝胶没有固定形态；当 AA 浓度大于 17.5 wt％时，凝胶硬度太大，容易破碎，因此选用 AA 浓度在 10 wt％～17.5 wt％之间。当 MBA 浓度小于 0.1 wt％时，制得的交联密度小，强度过小；当 MBA 浓度大于 0.7 wt％时，交联密度过大，吸水性不好，因此选用 MBA 浓度在 0.1 wt％～0.7 wt％之间。当 APS 浓度小于 0.1 wt％时，聚合反应时间长；当 APS 浓度大于 0.4 wt％时，聚合反应时间短，会使反应不充分，因此选用 APS 浓度在 0.1 wt％～0.4 wt％之间。

本次实验选用 5 因素 4 水平排列正交表，其中包括 5 个因素，每个因素选取 4 个浓度水平，共设计 16 组实验。抗压强度和表观黏度是影响凝胶堵漏风性能的重要指标，因此本次实验考察样品的抗压强度和表观黏度来确定最优组合，通过方差和极差分析，获取最优制备方案。具体的正交配置如表 5.2 所示。

表 5.2　5 因素 4 水平正交试验 $L_{16}(5^4)$

水平	因素 A 单体 A 添加量 (LS, wt%)	因素 B 单体 B 添加量 (SA, wt%)	因素 C 单体 C 添加量 (AA, wt%)	因素 D N, N′-亚甲基双丙烯酰胺添加量 (MBA, wt%)	因素 E 过硫酸铵添加量 (APS, wt%)
1	0.5	0.25	10	0.1	0.1
2	1	0.5	12.5	0.3	0.2
3	1.5	0.75	15	0.5	0.3
4	2	1	17.5	0.7	0.4

（2）抗压强度和表观黏度的测定

凝胶颗粒通过泵送装置输送至封堵区域时，存在内外压差，导致颗粒与裂缝表面产生摩擦剪切力。材料自身需要有一定的强度，才能不被剪切破碎，同时还可以起到架桥堵塞的作用，隔绝氧气，达到防治煤自燃的效果。这就要求凝胶颗粒具有一定的抗压能力，以起到骨架支撑煤体的作用。根据 *Adhesives-Animal glues-Methods of sampling and testing*（BS EN ISO 9665：2000）标准，使用凝胶强度测定仪（购自青岛海博生物技术有限公司）测定凝胶的抗压强度。测量范围为 0～500 kPa。首先将待测样品放在置物台中心位置;然后点击启动按钮,压杆自动下降回升;最后点击保存按钮保存数据,每个样品测量5次,取平均值。

凝胶颗粒应具有一定黏度,当注入井下封堵区域后,凝胶颗粒自身黏度随着时间的增加而增大,在挤压堆积的过程中实现覆盖和挂壁,将破碎的煤体胶结住,形成一层致密的保护膜,从而阻止煤氧接触,起到冷却降温作用。

根据《胶黏剂黏度的测定》(GB/T 2794—2022)标准,使用 NDJ-5S 型号的旋转黏度计测定凝胶颗粒的表观黏度。首先将制备的 200 目干凝胶颗粒在蒸馏水中浸泡 24 h,得到具有流动性的胶体溶液;然后将黏度计上方气泡调整到中心位置,使黏度计达到平衡状态;再根据估算的凝胶黏度,选择 4 号转子和 6 r·min^{-1} 转速,将待测样品倒入烧杯中,调节高度至样品漫过转子凹槽中部;最后打开开关,待数据稳定后,记下数据,每组样品测量5次后取平均值。

(3)正交实验结果和分析

正交试验中 16 组配比(编号为 1—16)的实验结果如表 5.3 所示,其中 A、B、C、D、E 分别代表单体 A 添加量、单体 B 添加量、单体 C 添加量、N, N′-亚甲基双丙烯酰胺添加量以及过硫酸铵添加量。极差 R_1 和 R_2 的大小分别代表不同因素对凝胶抗压强度和表观黏度的影响程度,极差越大,影响程度越大。基于 5 个因素下的 R_1 值,可以确定对抗压强度影响程度的大小是 $D > C > B > E > A$。同样的,基于 R_2 值可确定对表观黏度影响程度的大小是 $D > A > B > E > C$。由此可知,交联剂 D 的添加量对凝胶抗压强度、表观黏度的影响最大,这是因为交联剂的添加量决定了凝胶的交联密度,交联密度影响凝胶的抗压强度和表观黏度。

表 5.3 正交实验配比和实验结果

NO.	A 单体 A 添加量 (LS, wt%)	B 单体 B 添加量 (SA, wt%)	C 单体 C 添加量 (AA, wt%)	D N, N′-亚甲 基双丙烯酰 胺添加量 (MBA, wt%)	E 过硫酸铵 添加量 (APS, wt%)	抗压强度 /kPa	表观黏度 /(Pa·s)
1	0.5	0.25	10	0.1	0.1	41.975	99.9
2	0.5	0.5	12.5	0.3	0.2	202.59	43.7
3	0.5	0.75	15	0.5	0.3	244.92	43.3
4	0.5	1	17.5	0.7	0.4	321.105	30.8
5	1	0.25	12.5	0.5	0.4	310.95	39.6
6	1	0.5	10	0.7	0.3	140.25	36.7
7	1	0.75	17.5	0.1	0.2	137	75.9
8	1	1	15	0.3	0.1	209.13	54.3

（续表）

NO.	A 单体 A 添加量 (LS, wt%)	B 单体 B 添加量 (SA, wt%)	C 单体 C 添加量 (AA, wt%)	D N，N′-亚甲基双丙烯酰胺添加量 (MBA, wt%)	E 过硫酸铵添加量 (APS, wt%)	抗压强度 /kPa	表观黏度 /(Pa·s)
9	1.5	0.25	15	0.7	0.2	488.145	35.4
10	1.5	0.5	17.5	0.5	0.1	232.32	46.2
11	1.5	0.75	10	0.3	0.4	102.425	53.2
12	1.5	1	12.5	0.1	0.3	33.05	80.8
13	2	0.25	17.5	0.3	0.3	265.89	88.8
14	2	0.5	15	0.1	0.4	49.625	75.8
15	2	0.75	12.5	0.7	0.1	312.81	46.3
16	2	1	10	0.5	0.2	109.1	61.5
K_{11}	202.648	276.740	98.438	65.412	199.059		
K_{12}	199.333	156.196	214.850	195.009	234.209		
K_{13}	213.985	199.289	247.955	224.323	171.027		
K_{14}	184.356	168.096	239.079	315.577	196.026		
R_1	29.629	120.544	149.517	250.165	63.182		
K_{21}	54.425	65.925	62.600	83.100	61.675		
K_{22}	51.625	50.600	52.600	60.000	54.125		
K_{23}	53.900	54.675	52.200	47.650	62.400		
K_{24}	68.100	56.850	60.425	37.300	49.850		
R_2	16.475	15.325	10.625	45.800	12.550		

备注：K_{mn} $m=1$、2、3、4；$n=1$、2、3、4代表均值（因素在各水平时各结果的平均）；R_1、R_2分别代表抗压强度和表观黏度的极差（因素下的均值最大值减去最小值）。

分析表 5.4 和表 5.5，发现当以表观黏度作为目标参数时，因素 A 以表观黏度为目标参数的 $F_{比}$（0.507）大于以抗压强度为目标参数时的 $F_{比}$（0.039），这表明因素 A 对表观黏度的影响更大，应该以表观黏度为目标参数确定因素 A 的添加量。由表 5.3 可知，K_{24} 大于 K_{21}、K_{22} 与 K_{23}，因此选择 K_{24} 对应的 A_4 为最优添加量。当以抗压强度作为目标参数时，因素 B 的 $F_{比}$（0.764）大于以表观黏度为目标参数时的 $F_{比}$（0.380），因此选择以抗压强度为目标参数下的最大均值 K_{11} 所对应的 B_1 为最优添加量。同样地对因素 C、D、E 进行分析，得到最优组合为 $A_4B_1C_3D_1E_3$，即 2 wt% LS、0.25 wt% SA、15 wt% AA、0.1 wt% MBA、0.3 wt% APS，最优组合抗压强度为 330 kPa，表观黏度为 70.68 Pa·s。采用该配比方案制备凝胶，进一步测试分析。

表 5.4　抗压强度分析表

NO.	A	B	C	D	E	误差
平方偏差之和	1 790.945	35 304.502	57 449.075	128 353.698	8 105.181	231 003.40
自由度	3	3	3	3	3	
$F_{比}$	0.039	0.764	1.243	2.778	0.175	
$F_{临界(0.10)}$	2.490	2.490	2.490	2.490	2.490	
显著性				显著		

表 5.5　表观黏度分析表

NO.	A	B	C	D	E	误差
平方偏差之和	673.363	504.173	352.243	4 662.888	441.613	6 634.28
自由度	3	3	3	3	3	
$F_{比}$	0.507	0.380	0.265	3.514	0.333	
$F_{临界(0.05)}$	3.290	3.290	3.290	3.290	3.290	
显著性				显著		

5.2　凝胶颗粒微观结构和宏观性能

为进一步探究该凝胶颗粒在矿井下的作用机理,为提高凝胶颗粒防治煤自燃效果提供充足的理论依据,通过多个测试手段对双网络凝胶颗粒的形成机制和宏观吸水性能进行了分析。

5.2.1　凝胶颗粒微观结构分析

(1)傅里叶红外光谱分析(FT-IR)

该测试采用美国制造的赛默飞 IS5 型傅里叶红外光谱仪。干凝胶充分研磨后,与 KBr 按照 1∶100 的比例进行混合,使用压片机压制成薄片进行测试。测试范围为 4 000 到 400 cm^{-1},分辨率为 4 cm^{-1},扫描次数为 32 次。利用软件 PeakFit 和 Omnic 对获得的光谱进行峰分离和标记分析。

通过红外光谱分析单体、中间产物和最终产物之间官能团的变化,可以判断聚合物的交联情况。图 5.2 显示了单体(LS 和 SA)、中间产物(LS-AA 单网络结构)和最终产物(LS-AA/SA-Ca^{2+} 双网络结构)的红外图谱。从 LS 光谱可以看到 3 446.12 cm^{-1} 和 1 604.3 cm^{-1} 处分别表示羟基(—OH)的伸缩振动峰和苯骨架 C═C 振动导致的吸收峰;1 411.1 cm^{-1} 和 1 352.5 cm^{-1} 处表示 C—H 的弯曲振动峰;1 135.2 cm^{-1} 和 623.41 cm^{-1} 处表示磺酸基(R-SO$_3$H)对应的吸收峰。从 SA 的红外光谱可以观察到 3 447.12 cm^{-1} 处羟基(—OH)的伸缩振动峰、1 609. 9 cm^{-1} 和 1 031. 3 cm^{-1} 处海藻酸盐结构中羧基(—COOH)的不对称和对称伸缩振动峰。在中间产物图谱上,LS 的特征峰均出现,但是羟基的伸缩振动峰由 3 446. 12 cm^{-1} 移动到 2 941. 7 cm^{-1},这充分说明各组分之间产生氢键,LS 与 AA 发生接枝聚合反应形成了第一网络结构。从最终产物的红外光谱中可以看出,SA 中 3 447. 7 cm^{-1} 处羟基伸缩振动峰和 1 609. 9 cm^{-1} 处羧基(—COOH)的不对称伸缩振动向低波数移动,表明最终产物中存在强烈的氢键作用,并且单体 B(SA)与钙离子(Ca^{2+})形成了第二网络结构。

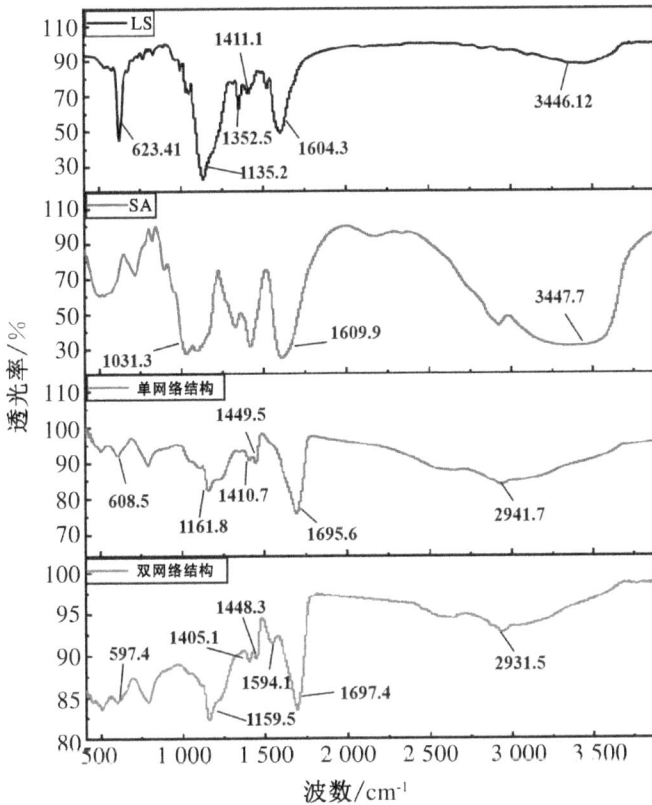

图 5. 2　单体、中间产物和最终产物的红外图谱

（2）X 射线衍射分析(XRD)

采用德国制造的 Ultima Ⅳ 型号 X-射线衍射仪。将 200~300 目的干凝胶粉末放入仪器中进行测试分析。实验条件如下：选用 Cu 靶辐射,管压为 40 kV,管流为 30 mA,步长为 0. 02°,扫描角度为 5°~80°,扫描速度为 8(°)/min。利用 Jade 6. 0 软件对图形结果进行分析。

通过 X 射线衍射分析,可以观察到反应过程中物质晶态的变化,进一步为聚合物是否成功交联提供判定依据。单体、中间产物和最终产物的 XRD 图谱如图 5. 3 所示。

LS 在 2θ 为 $18.916°$、$22.76°$、$31.552°$ 和 $45.274°$ 附近存在着明显的锐衍射峰,表明 LS 具有一定的晶体性,并且是由很多单一完整的晶胞组成。SA 的图谱中可以观察到 $17.3°$ 到 $28.5°$ 之间存在一个宽衍射峰,没有明显的晶体衍射峰出现,表明 SA 呈非晶体状。

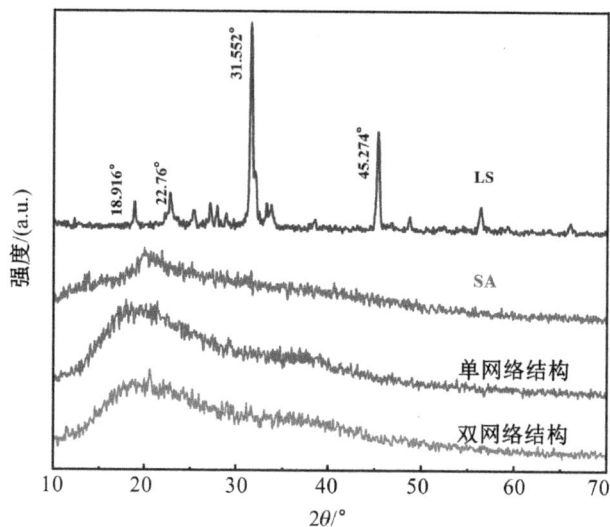

图 5.3 单体、中间产物和最终产物的 XRD 图谱

与单一组分相比,中间产物的 XRD 图谱中没有 LS 单体结构中的锐衍射峰,在 $2\theta=20°$ 附近有一个比较弥散的衍射峰,该衍射峰在 $27°$ 左右逐渐消失。这表明聚合反应后的产物为无定形形态聚合物,说明 LS 与 AA 发生了共聚反应。最终产物的 XRD 图谱衍射峰的走势与中间产物相似,仍为无定形形态结构。但其最高峰位向右移动,在 $2\theta=20.6°$ 附近达到最高,其他位置无尖锐的峰出现,这说明 SA 单体与钙离子(Ca^{2+})之间存在很好的螯合相容性,使最终产物的结构更加紧密。

(3)X 射线光电子能谱分析(XPS)

XPS 是一种常用的表面分析技术,能够提供关于分子结构和原子价态等关键信息,同时还能为电子材料研究提供化合物元素组成、分子结构、化学状态、等方面的信息。

本研究采用美国 Thermo Fisher Scientific 公司生产的 ESCALAB 250Xi 型号 X 射线光电子能谱分析仪。实验中,称取 50 mg 的 40~50 目干凝胶置于仪器内进行测试,使用 Al Kα 内激发源,确保真空室气压低于 2×10^{-6} Pa,设定溅射速度为 0.2 nm·s^{-1},溅射面积为 2 mm×2 mm。使用 XPSPEAK41 和 Origin 软件进行拟合分析。

为了进一步确定聚合物的化学结构,用 XPS 分析单体、中间产物和最终产物的表面元素。测试结果如图 5.4 所示。在图 5.4(a)中,LS 和 SA 样品可以观察到 C1s 轨道(285.78 eV)、O1s 轨道(531.30 eV)和 Na1s 轨道(1070.15 eV)的强特征峰。图 5.4(b)、(c)和(d)显示,O1s 的 XPS 谱图可以被分峰拟合成三个峰,分别是 O—H、C—O 和

C＝O 基团。通过对比 LS 的 O1s 谱图[图 5.4(b)]和单网络凝胶的 O1s 谱图[图 5.4(c)]发现,单网络凝胶的 O1s 光谱中的 O—H 和 C—O 的结合能有所提高,这种增强与共聚物中 AA 含量的增加紧密相关,从而证实了共聚物中 AA 的存在。

对于单网络凝胶和双网络凝胶的全谱[图 5.4(a)],在 285.78 eV、531.30 eV 结合能附近观察到 C1s 和 O1s 特征峰。此外,单网络凝胶样品的 Na1s 特征峰明显,而双网络凝胶样品的 Na1s 特征峰接近一条直线,同时出现 Ca2p 特征峰。这一结果证明钠离子通过反应被几乎完全取代,钙离子成功引入到共聚物分子链上。从图 5.4(d)可以看出,双网络凝胶 O1s 谱图中的 C—O 结合能增加。这是因为反应后氧原子周围的电子云密度降低,进一步说明了—COO⁻ 基团中氧原子的弧对电子与 Ca^{2+} 的空电子轨道产生了螯合作用。XPS 结果与红外和 XRD 结果保持一致。

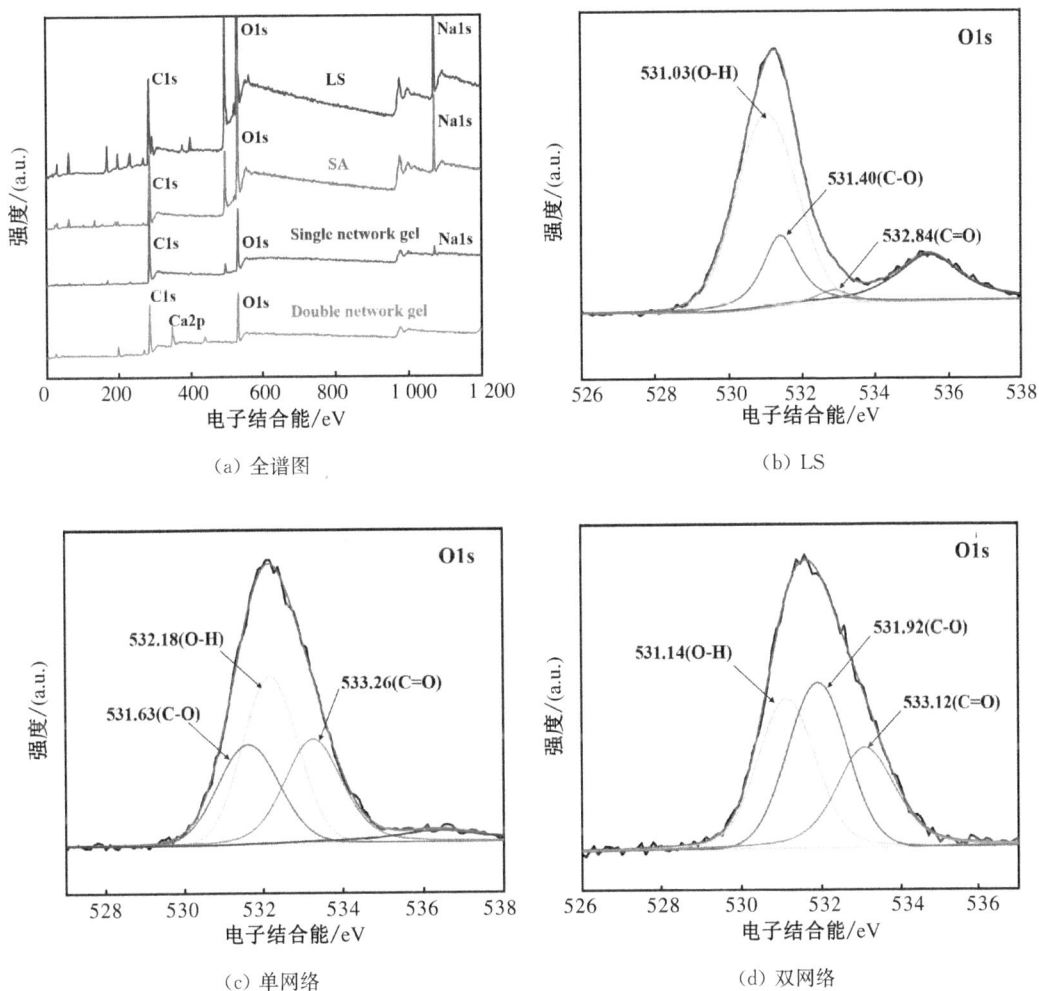

(a) 全谱图　(b) LS　(c) 单网络　(d) 双网络

图 5.4　LS、单网络、双网络的全谱图

（4）扫描电子显微镜（SEM）

采用美国制造的 Apreo S HiVac 型号场发射扫描电子显微镜进行扫描。首先将制备的水凝胶样品切割成 3～4 mm 的薄片，在冰箱中冷冻 8 h，之后放置在冷冻干燥机内冷冻干燥 24 h，手动撕裂冻干凝胶形成断面。对样品进行喷金处理后再扫描。

在放大 2 000 倍的条件下，不同交联剂添加量的凝胶表面和横截面 SEM 结果如图 5.5 所示。图中显示各凝胶表面和横截面均已形成三维网络结构，说明交联反应有效进行。凝胶表面（图 5.5a、b、c）有很多条状结构，这在用于封堵采空区时，可以增大与煤岩的接触面积，提高黏结力。在同一放大倍数下，不同交联剂添加量的凝胶的孔径大小有所差异。图 5.5a、b、c 和图 5.5d、e、f 中的孔径依次减小，孔隙和网络状结构依次减少。这是因为当交联剂用量增加时，单体发生接枝聚合反应时接枝双键会随之增多，交联密度变大，导致孔径渐渐缩小甚至消失。当用于防治煤自燃灾害时，孔隙多的凝胶可以携带更多的水分到达火区深处，水分被释放出来后可以冷却煤块表面温度，防灭火效果更好。

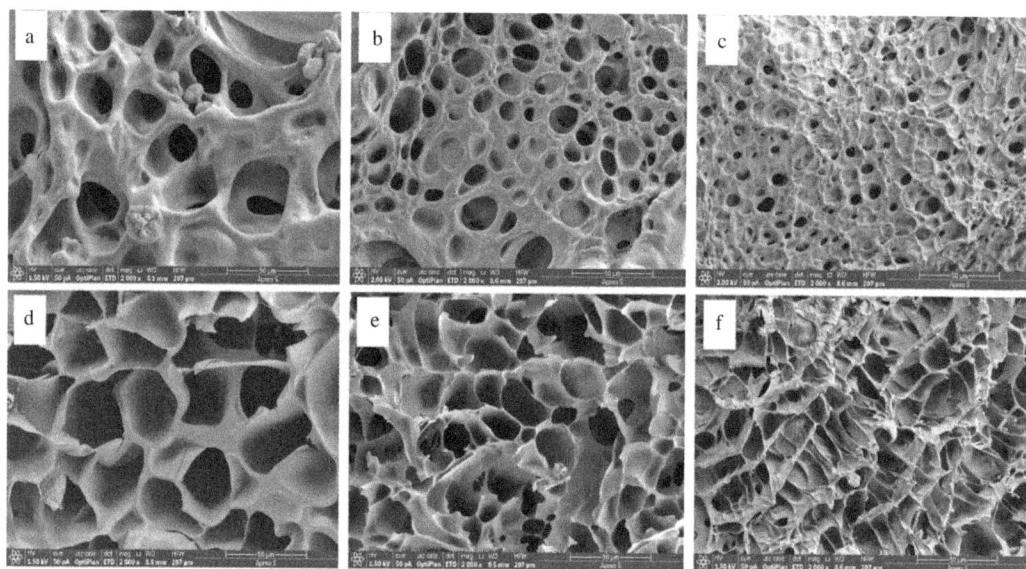

图 5.5　交联剂添加量为 0.1 wt% (a、d)、0.3 wt% (b、e)、0.7 wt% (c、f)时的凝胶表面和横截面 SEM 图

（5）热重测试（TG-DTG）

采用美国制造的 TA Q500 型热重分析仪进行测试。称取 8 mg 40～50 目的干凝胶放入坩埚中进行程序升温测试。设置起始温度为 30 ℃，以 10 ℃・min^{-1} 的升温速率升至 800 ℃。保护气体为氮气，气体流量为 40 mL・min^{-1}。DTG 表示 TG 曲线相对温度的一阶导数，在 DTG 曲线上出现的峰顶点代表 TG 曲线的重量变化。当失重很小，在 TG 曲线上难以分辨温度时，可根据 DTG 曲线进行分辩。

单体、中间产物和最终产物在程序温升过程中的质量变化规律如图 5.6 所示。LS 单体在升温过程中经历 3 个失重阶段。第一阶段在 30~200 ℃ 范围内,质量损失主要是因为分子结构中自由水和结合水蒸发;第二阶段在 200~500 ℃ 范围内,质量损失是由于 LS 结构中的磺酸基、碳碳双键等官能团断裂和分解;第三阶段在 500~800 ℃ 范围内,质量损失是由材料余量碳化导致的。SA 在升温过程中经历了 4 个失重阶段:第一阶段在 30~200 ℃ 范围内,质量损失是因为分子结构中自由水和结合水蒸发;第二阶段在 200~280 ℃ 范围内,该过程为 SA 糖苷键断裂分解为稳定的中间产物;第三阶段在 280~500 ℃ 范围内,中间产物进一步分解,生成产物部分碳化;第四阶段在 500~800 ℃ 范围内,质量损失是由碳化物进一步氧化分解导致的,最终产物为碳酸钠。到 800 ℃ 时,LS 与 SA 的剩余质量百分比分别为 58.01% 和 39.69%。由于 LS 复杂的化学结构,使其玻璃化转变温度相比于合成高分子更宽,因此 LS 热稳定性相对较高。

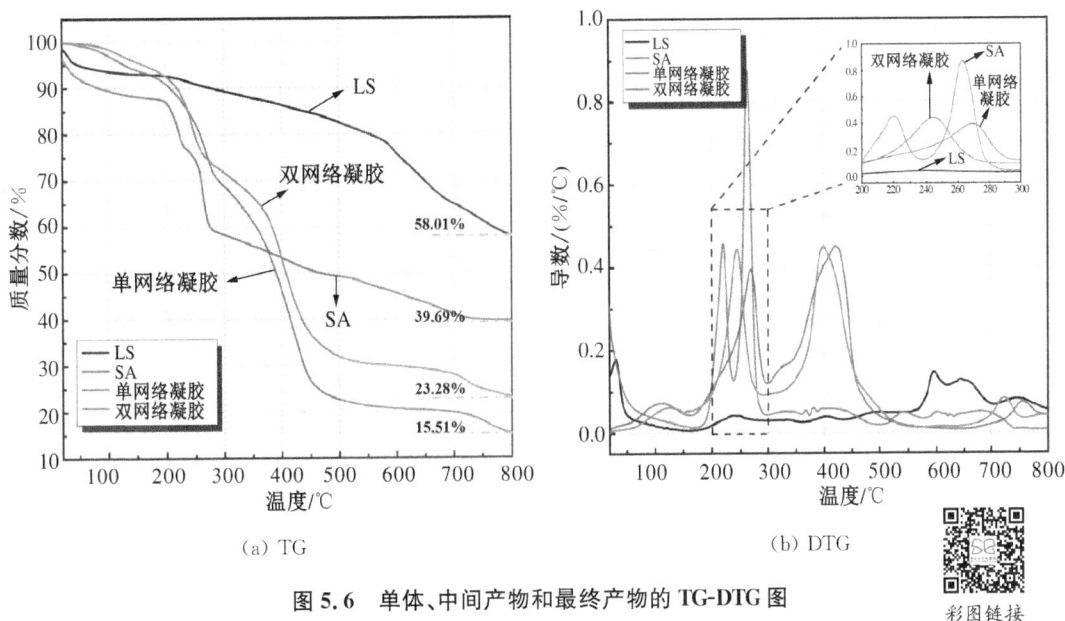

(a) TG　　　　　　　　　　　　　(b) DTG

图 5.6　单体、中间产物和最终产物的 TG-DTG 图

彩图链接

对于中间产物和最终产物,具有和 LS 相同的三个失重阶段。到 800 ℃ 时,中间产物的剩余质量百分比为 15.51%,最终产物的剩余质量百分比为 23.28%。通过 FT-IR、XRD 和 XPS 可知,LS 和 SA 单体经过反应后形成稳定的聚合产物,聚合产物中含有大量合成高分子网络结构,因此相较于纯单体,聚合产物的热稳定性较差。同时,相较于中间产物,最终产物在温度到达 800 ℃ 时有更多的剩余量。因此,双网络结构较单网络结构具有更好的热稳定性。

5.2.2　凝胶颗粒反应机理

聚合物凝胶的合成过程是一种接枝共聚技术,也称为自由基聚合反应。该反应过程包括链引发、链增长、链转移和链终止等多个基元反应。简单来说,分为接枝和共聚两个步骤。接枝是指单体主链或侧链在引发剂的作用下产生活性位点,单子分子链上的一些化学键断开,使其具有活性。共聚是指产生活性位点后,在引发剂的作用下单体之间产生支链结合,形成接枝聚合物。由于单体链上产生活性位点的位置不同,形成的接枝共聚物也会有所差别。具体来说,单体 A(LS)与单体 C(AA)在引发剂的作用下产生的反应就是接枝共聚反应。引发剂过硫酸铵(APS)首先分解成 $S_2O_8^{2+}$,之后夺取单体 A(LS)和单体 C(AA)分子链上的质子,组合形成单体自由基。此时,交联剂 N, N′-亚甲基双丙烯酰胺(MBA)分子链上的碳碳双键也被引发生成活性位点,最后发生聚合反应生成单网络结构聚合物。

海藻酸单体分子链或侧链能够电离生成海藻酸离子,与高价金属离子相互连接,共同形成充满自由水的三维立体网状结构,最终形成凝胶体。该方法生成的凝胶空间网络结构具有很高的黏弹性。电石渣溶液中富含丰富的二价钙离子,电离出的 Ca^{2+} 可以与单体 B(SA)链上的甘露糖酸(M 单位)和古罗糖醛酸(G 单位)发生离子交联作用形成凝胶。利用 SA/Ca^{2+} 凝胶体系对 LS/AA 凝胶体系进行增强,可以得到力学性能优异的双网络凝胶。双网络凝胶的合成机理如图 5.7 所示。

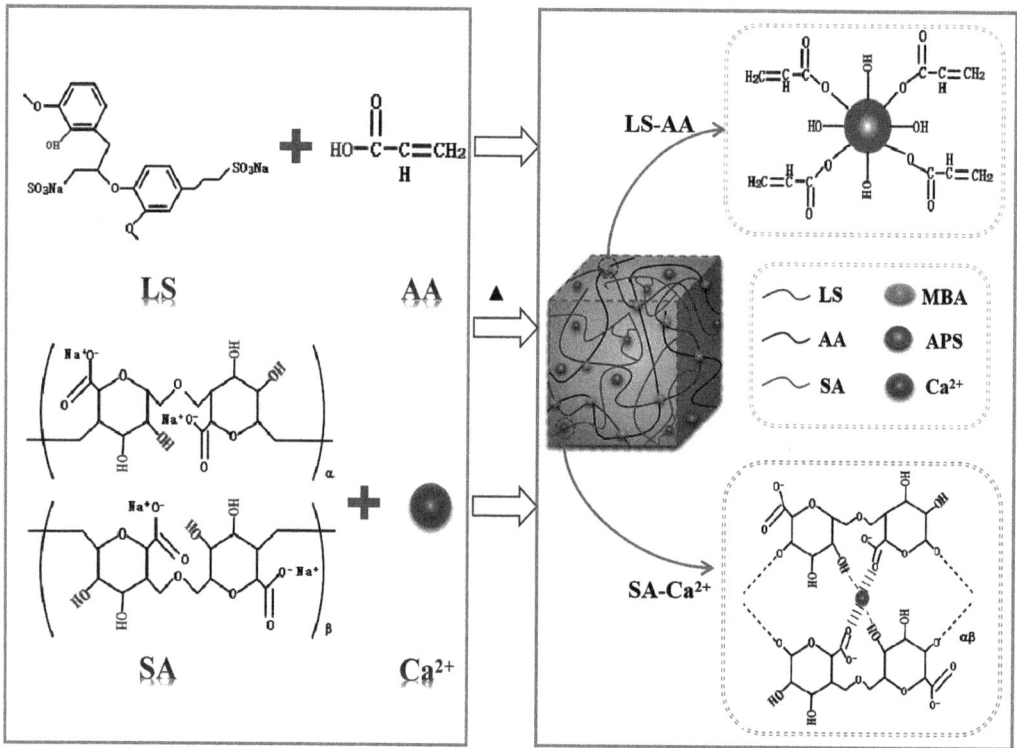

图 5.7　双网络凝胶合成机理图

5.2.3　凝胶颗粒宏观性能

（1）凝胶颗粒吸水性能

吸水倍率是凝胶颗粒的基础宏观形性。吸水倍率的大小直接影响凝胶在裂缝中的运移性能，因此测试堵漏凝胶颗粒的吸水性能是非常有必要的。凝胶颗粒吸水膨胀后形成具有一定抗压强度的弹性凝胶，能发生挤压变形。凝胶的堵漏依赖于其变形性，在内外压差的作用下，凝胶颗粒变形被挤入较小的孔隙内进行架桥封堵。进入裂缝后，凝胶颗粒仍会继续膨胀，进一步压实充填，从而增强堵漏风效果。此外，凝胶颗粒拥有较高的吸水倍率，可以减小原材料用量，降低现场应用成本。

凝胶颗粒在水溶液中的吸水膨胀过程主要分为三个阶段。第一阶段吸水初期主要是通过物理方式吸水，立体网状结构中的酰胺基、羧基和羟基等亲水基团电离后与水结合，产生氢键反应。第二阶段吸水中期凝胶中高分子链松弛，网络结构扩张变大，与水接触面积增加，内外压差使水分以较高的速率向内部扩散，分子内部的共价键产生作用力，与吸水基团相结合，利用吸附作用将水分固定在凝胶颗粒三维网络结构内部。第三阶段吸水后期凝胶颗粒高分子网络充分膨胀，结构内充满自由水（物理吸附）和结合水（化学吸附），但结构中的氢键与交联剂影响凝胶颗粒的交联密度，最终决定凝胶颗粒达到吸水平衡。

① 实验方法

采用自然过滤法来测试凝胶颗粒的吸水性能。首先称量 1 g 40～50 目的干凝胶颗粒（精确到 0.001），倒入 500 ML 容量烧杯中，再加入 100 ML 蒸馏水，用玻璃棒充分搅拌均匀，然后将烧杯放在室温环境下静置 24 h，使其充分吸水膨胀，最后采用 250 目尼龙网布过滤掉剩余的水分，接着称量充分吸水后凝胶颗粒的质量。吸水倍率按公式（5.1）计算：

$$W_a = \frac{W_1 - W_0}{W_0} \tag{5.1}$$

式中：W_a——吸水倍率，%；

$\quad\quad W_1$——吸水后的凝胶质量，g；

$\quad\quad W_0$——吸水前的凝胶质量，g。

② 结果分析

图 5.8 显示干凝胶颗粒在水溶液中的吸水性能优异，且吸水率与交联剂的添加量呈明显的负相关关系。交联剂用量为 0.1 wt%（正交样品 1、7、12、14）时，凝胶颗粒的吸水倍率处于较高水平。交联剂用量为 0.7 wt%（样品 4、6、9、15）时，凝胶颗粒的吸水倍率处于较低水平。这是因为交联剂添加量少时，交联密度低，凝胶颗粒网络结构中有更多的孔隙，多孔结构使凝胶与水溶液接触面积更大，吸水倍率高。测试结果显示，在确定的最优配比下制备的凝胶（样品 17，交联剂添加量为 0.1 wt%）具备较高的吸水倍率，为121.25。

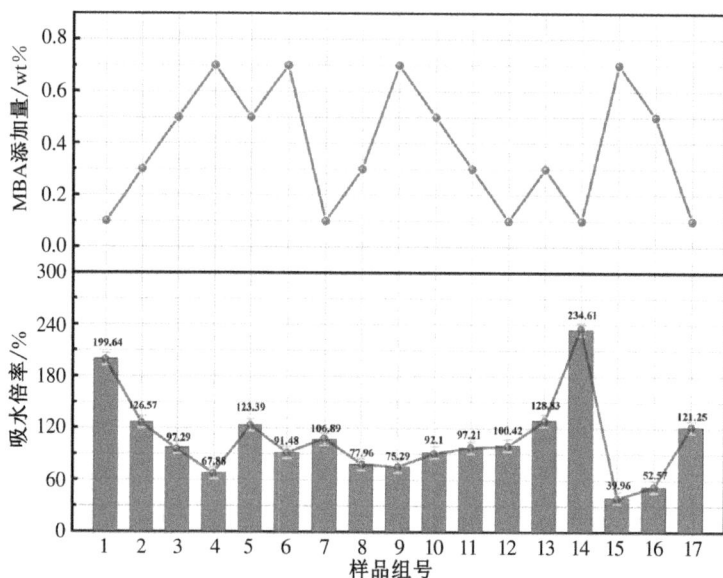

图 5.8 正交试验配比(1—16)和最优配比(17)的吸水倍率图

（2）离子类型和 pH 值对颗粒吸水性能的影响

针对不同离子类型和 pH 值对吸水性能的影响，首先分别制备 $0.01\ mol \cdot L^{-1}$ 的 $NaCl$、$CaCl_2$、$FeCl_3$ 溶液，使用 $1.5\ mol \cdot L^{-1}$ 的盐酸和 $2.0\ mol \cdot L^{-1}$ 的氢氧化钠调节 pH 值为 2、4、6、7、8、10、12 的水溶液；然后测试 40～50 目干凝胶颗粒在不同液体中的吸水倍率。

图 5.9(a)显示了不同离子类型对凝胶吸水性能的影响。凝胶的吸水倍率随着阳离子电荷的增加而呈现降低的趋势，即 $Na^+ > Ca^{2+} > Fe^{3+}$。凝胶吸水膨胀后，分子链上的离子型亲水基团电离生成高分子负离子和阳离子，使凝胶结构内外产生渗透压。当凝胶接触到溶液中的阳离子时，内部渗透压降低，从而导致吸水性能下降。溶液中的阳离子携带电荷越多，溶液离子强度就越大，凝胶内外的渗透压差就越小，其对凝胶吸水性能的抑制作用就越明显。此外，高价阳离子可以与凝胶聚合物链上的羧基反应生成络合物，导致更高的交联密度，造成吸水倍率的降低。因此，高价阳离子溶液中的凝胶颗粒具有较高的交联密度和较低的吸水倍率。

pH 值对凝胶颗粒吸水性能的影响如图 5.9(b)所示，凝胶颗粒的吸水倍率随着 pH 值的增加而增加。当 pH<7 时，强酸溶液使凝胶网络结构中的羧基全部被质子化，产生大量氢键，从而降低静电斥力，使交联度增加，吸水倍率降低。当 pH>7 时，溶液中的羧基脱质子，被中和后氢键断裂消失，产生较大的负离子斥力，破坏了凝胶本身的三维网络结构，使得凝胶结构孔隙变大，吸水倍率增大。当凝胶暴露于高 pH 值溶液中时，有更多的阴离子电荷，迫使凝胶网络伸展得更多，因而出现 pH 值由 10 增大到 12 时吸水倍率大幅上升的现象。

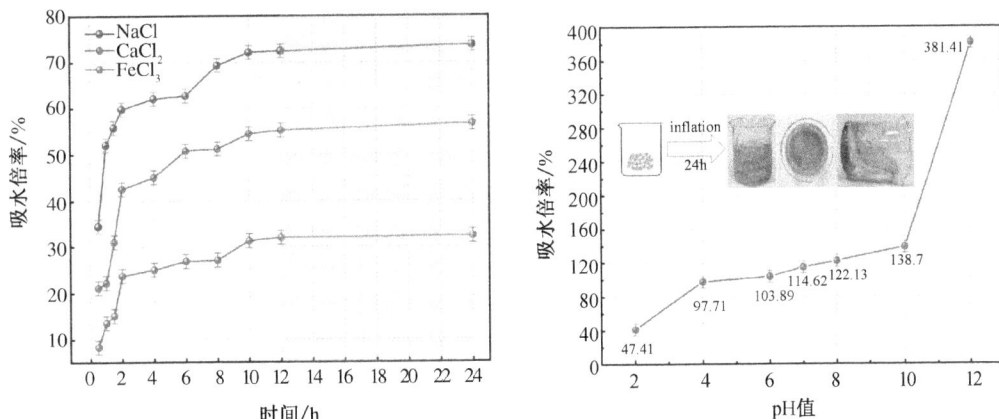

图 5.9　不同离子类型和 pH 值对凝胶吸水性能的影响图

（3）凝胶颗粒弹性形变系数

凝胶颗粒与刚性颗粒不同，刚性颗粒在孔喉处不能变形，只有当粒径比小于一定数值时才能顺利通过孔喉。而凝胶颗粒可以通过挤压变形通过孔喉，不同凝胶颗粒的变形系数不同，被挤压后的情况可以分为三种：颗粒破碎、颗粒卡堵和通过孔喉。因此，探究凝胶颗粒的形变系数有助于更好地研究凝胶颗粒的封堵性能。

凝胶颗粒在封堵煤体裂缝时，受到注入压力和周围煤体压力共同作用会产生形变，不同实验配下制备的凝胶颗粒其变形系数不同，凝胶颗粒的弹性形变量可用凝胶颗粒的最大被压缩量来计算，则形变系数计算方法如公式（5.2）所示。

$$K_a = \frac{V_a - V_b}{V_a} \tag{5.2}$$

式中：K_a——形变系数，无量纲；

　　　V_a——凝胶颗粒压缩前体积，cm^3；

　　　V_b——凝胶颗粒压缩后体积，cm^3。

由于凝胶颗粒体积太小，为测试凝胶颗粒的形变系数，本实验以最优配比下制备的柱状凝胶为研究对象，制备直径为 30 mm、高为 30 mm 的凝胶样品，采用 WDW3300 型号微机控制电子万能试验机进行测试，设置压缩速度为 0.2 mm/min。分别压缩至 20%、40%、60%、80% 的压缩率，防止凝胶一次压缩量过大，直到凝胶出现破碎停止。破碎时的压缩体积为最大被压缩体积，压缩实验过程如图 5.10 所示。

根据公式（5.2）可知，要计算凝胶形变系数，只需知道被压缩高度即可计算出结果。最佳配比制备的双网络凝胶压缩实验结果如图 5.11 所示。从图中可以看出，该双网络凝胶在压缩过程中可以分为两个压缩阶段：第一阶段为压缩高度小于 19.7 mm 时，压缩压

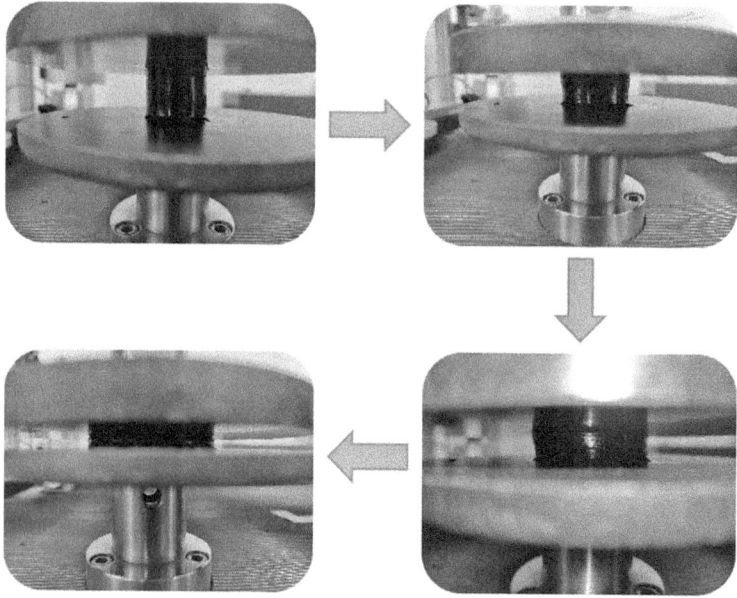

图 5.10　凝胶压缩实验过程

力随着压缩高度的增加而呈现缓慢增加的趋势,此时凝胶挤压变形,压缩体积由凝胶固体材料体积的减小产生;第二阶段为压缩高度大于 19.7 mm 时,压力曲线出现一个平缓拐点,之后曲线呈线性上升,这是因为凝胶整体破碎后产生波动,之后产生的压力和压缩高度由破碎以后的凝胶产生,因此该凝胶破碎前的最大压缩高度为 19.7 mm,通过计算得到最大形变系数为 0.66。

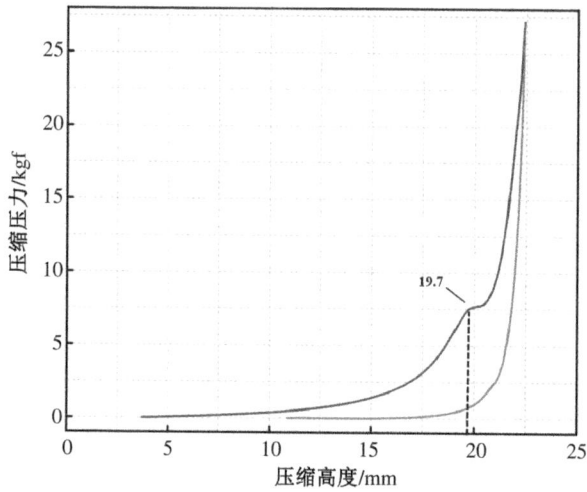

图 5.11　凝胶形变压缩实验结果

5.3 凝胶颗粒封堵机理及堵漏风性能研究

5.3.1 凝胶颗粒封堵机理

凝胶颗粒材料具有高吸水性和变形性,吸水膨胀后有一定的黏度和强度。当用机器输送到地下采空区时,凝胶颗粒在压力的作用下进入煤体裂缝中,起到架桥堵塞的作用,从而减少氧气供给。另外,由于材料含水量高,可以覆盖包裹煤体,使煤体表面温度降低,达到防治煤自燃的效果。

(1) 多颗粒封堵作用力分析

多个颗粒在孔喉处形成封堵墙,稳定的封堵墙可以阻挡后续颗粒前进,使颗粒不能变形通过裂缝孔喉。凝胶颗粒形成封堵墙造成卡堵的受力分析如图 5.12 所示。从图 5.12(a)可以观察到,颗粒形成封堵墙后,流体压力 F 全部作用在颗粒上,形成向深处推动的力 F_1,同时颗粒之间相互挤压变形,形成两个分散力 F_2 和 F_3,另外还有煤体表面的摩擦力 F_4 阻挡颗粒流动。当作用力 F_1 大于 F_2、F_3 和 F_4 的反向轴作用力时,颗粒突破孔喉压力向裂缝深处移动;当作用力 F_1 小于 F_2、F_3 和 F_4 的反向轴作用力时,颗粒不能突破孔喉压力从而造成卡堵。图 5.12(b)中,颗粒在到达孔喉前形成封堵墙,原本作用在孔喉处颗粒的流体压力 F 首先作用在封堵墙最外部的颗粒上,然后该作用力通过颗粒之间进行传递,最终传递到达孔喉颗粒处。在整个传递过程中,每个 F_2、F_3 和 F_4 的反向轴作用力从外部向内部依次递增,即阻碍颗粒前进的反向轴作用力逐渐增大,从而削弱孔喉处的作用力 F_1,F_1 力的减小阻碍凝胶颗粒变形前进,最终形成稳定的封堵墙。

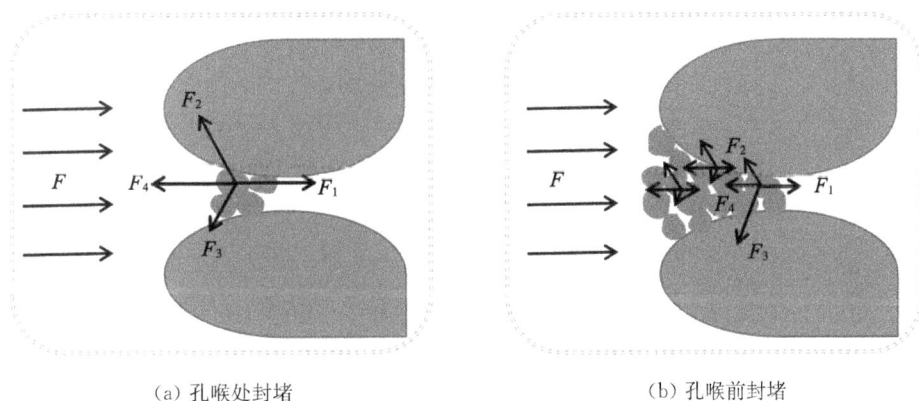

(a) 孔喉处封堵　　　　　　　　　　(b) 孔喉前封堵

图 5.12　多颗粒在孔喉处的作用力分析

(2) 单颗粒封堵作用力分析

单颗粒在孔喉中的作用机理如图 5.13 所示。当凝胶颗粒发生挤压变形时,F_2 和 F_3 的力发生矢量位移,变成 F_2' 和 F_3',原来阻止颗粒前进的反向作用力减小,转变为颗粒前进的推动力,从而使颗粒顺利通过孔喉。这是因为作用力的矢量位移和凝胶颗粒的挤压变形有关,换句话就是力的矢量位移取决于凝胶颗粒的变形能力。凝胶颗粒变形系数大时,矢量位移就大。若凝胶颗粒被压缩至等效刚性颗粒时,没有发生力的矢量位移,那么颗粒封堵成功。由于矿井裂缝层形成原因复杂,裂缝呈网络交叉又互相连通的特点,颗粒需要足够的压差和高强度的变形能力去克服阻力到达裂缝更深处,因此,颗粒材料不会全部进入到裂缝的最深处,而是在某个孔喉区域形成封堵带,起到封堵漏风的作用。

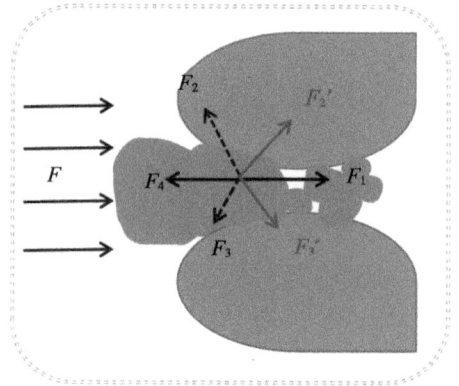

图 5.13　单颗粒在孔喉中的作用力分析

（3）凝胶颗粒封堵机理

凝胶颗粒吸水膨胀后具有一定的韧性和弹性,当受到挤压力时,会发生弹性变形,通过自身形状的变化与裂缝孔道进行匹配。凝胶颗粒在煤层中的封堵机理如图 5.14 所示。

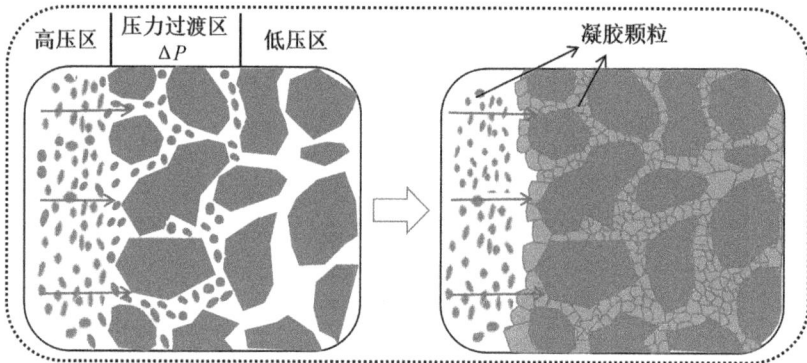

图 5.14　凝胶颗粒封堵示意图

凝胶颗粒进入裂缝时,可以将裂缝区域看成一个压力过渡带,该压力过渡带外部为高压区,内部为低压区,两者之间存在一个压差 ΔP。凝胶颗粒进入裂缝时,在两边压差 ΔP 的作用下,颗粒会很快聚集到孔喉处,并顺利通过孔喉,接着向深处移动。通过孔喉后,凝胶颗粒压力减小,颗粒增多造成内部压力增加。同时凝胶颗粒继续吸水膨胀,造成膨胀压,直到两端达到压力平衡。总的来说,凝胶颗粒对裂缝的封堵过程就是颗粒在裂缝中架桥、滞留、挤压填充,最后形成封堵隔离墙的过程。具体可以总结为:

（1）凝胶颗粒进入裂缝后,受浆液-颗粒流作用力、颗粒之间作用力和自身重力的作用,分别有向流体方向和重力方向运动的趋势。

（2）颗粒到达孔喉处时,由于裂缝宽度变小,颗粒运动受到限制。当颗粒粒径小于孔喉尺寸时,有两种情况。一种在压力的作用下颗粒顺利通过该处孔喉,没有封堵效果,另一种是颗粒具有黏性,可以吸附在煤体表面,造成堵塞。当粒径大于孔喉时,有 3 种情况。

受凝胶颗粒变形系数的限制,第一种是颗粒变形能力很好,在压力的作用下会通过孔喉,一定程度恢复至圆形状;第二种是颗粒在压力的作用下发生破碎,形成小颗粒后通过孔喉处,不能恢复至原状;第三种是较大的单颗粒或者多颗粒架桥堆积,形成支撑骨架,而较小的颗粒会进入到细小的裂缝中进行充填。架桥后流入的颗粒材料更容易被滞留,架桥颗粒的数量、强度以及形态决定架桥体的强度。

（3）凝胶颗粒在运动的过程中不断吸水膨胀,使其具有"变形虫"的特性。在受到挤压时,凝胶颗粒会发生弹性变形,与裂缝更匹配,形成致密的封堵层。

（4）凝胶颗粒在裂缝内不断堆积,形成高强度的胶结封堵墙,导致封堵压力不断增大。当压力达到一定突破点时,凝胶颗粒会再次发生变形,继续向下一个孔喉移动,进行二次封堵,深入更深处的孔喉。凝胶颗粒的封堵过程是在裂缝中移动、架桥暂堵、变形、继续移动、再次封堵,不断堵塞和破坏,最终形成稳定的封堵墙。

5.3.2　凝胶颗粒封堵性能研究

根据前面研究内容,凝胶颗粒封堵漏风通道防治煤自燃的机理是颗粒注入煤层裂缝区域,包裹破碎煤体,吸水膨胀,封堵漏风通道,同时可以降低煤体表面活性。凝胶颗粒是具有弹性的颗粒,初始状态粒径较小,输送过程中吸水膨胀后粒径变大,可以在孔喉中架桥堵塞。针对凝胶颗粒的封堵性能,利用自制堵漏风测试系统,对凝胶颗粒的堵漏风效果进行一系列研究,并分析颗粒粒径与孔喉大小的匹配关系,进一步深入了解凝胶颗粒材料的防灭火机理。

（1）堵漏风性能测试方法

本实验采用 2～3 cm 的碎煤块作为煤样,测试装置采用实验室搭建的堵漏风测试系统,如图 5.15 所示。该系统包含氮气瓶、气阀（减压阀和稳压阀）、压力调节器、流量计、采空区模拟装置和导气管六部分。采空区模拟装置用长 22 cm、直径 10 cm 的有机玻璃制备,一端外接导气管与系统其他模块连通,另一端与空气连通,测试管内部预先充填破碎煤块以模拟采空区。氮气瓶作为送风装置,压力调节器（量程 0～0.4 MPa）和流量计（量程 0～1 L·min⁻¹ 按 latex）可以调节流入采空区模拟装置内的压力和流量。首先将采空区模拟装置竖向放置,并将定量的凝胶颗粒覆盖在碎煤上方,用橡胶圈进行密封;然后打开氮气瓶上的气阀,并调节流量计至初始数值 M_a。凝胶颗粒被挤压充填进碎煤块缝隙之间,待系统稳定后,流量计读数为 M_b。数值 M_a 和 M_b 的差值为封堵量,封堵量与初始流量 M_a 的比值为封堵率,见公式（5.3）。封堵率越大,表明堵漏风效果越好。当流量计读数降为 0 时,说明系统内无漏风通道产生,封堵率为 100%。当系统内压力达到最大时,采空区模拟装置的出口端有流体或堵剂喷出,流量计开始有读数,说明系统内开始有漏风,此时进口端压力调节器的读数为突破压力。

$$M_r = \frac{M_a - M_b}{M_a} \times 100\% \tag{5.3}$$

式中：M_r——封堵率，%；

　　　M_a——流量计初始数值，L·min^{-1}；

　　　M_b——系统稳定后流量计的数值，L·min^{-1}。

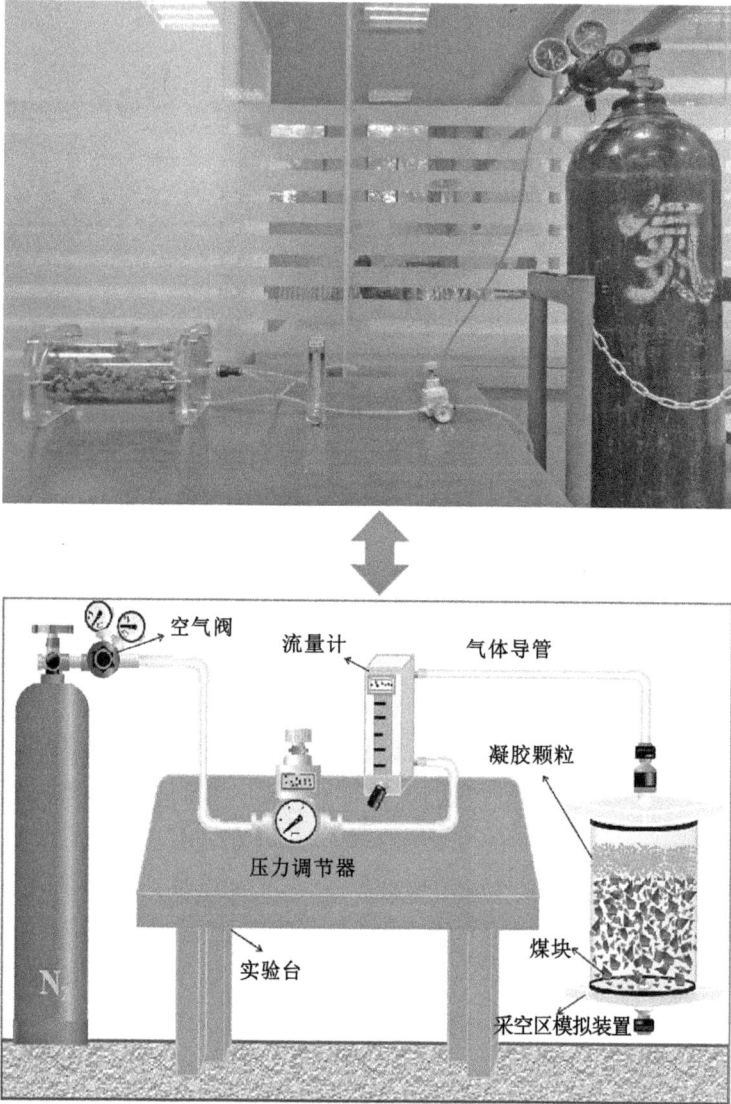

图 5.15　堵漏风测试系统

（2）不同压力和流速的封堵效果分析

表 5.6 和图 5.16 显示了添加凝胶颗粒体积为采空区模拟装置中碎煤块体积的 1/5 时的堵漏风测试结果。当采空区模拟装置的初始入口压力小于 0.1 MPa 时，系统内无漏风通道产生，封堵率为 100%。当初始入口压力为 0.1 MPa，流速为 0.4 L·min^{-1} 时，采

空区模拟装置内开始出现漏风通道,此时的压力为突破压力,流量计读数稳定后测得封堵率为 60%。在初始入口压力 ≥0.1 MPa 的区间内,封堵率随着流速的增加而下降。例如,当入口压力为 0.1 MPa 时,流速从 0.2 L·min⁻¹ 增加到 1 L·min⁻¹ 时,封堵率从 100% 降到了 46%。在流速一定时,初始入口压力越大,封堵率越低。整体来看,当采空区模拟装置内压力在 0.02~0.14 MPa 之间,流速为 0.2 L·min⁻¹ 时,封堵率均在 65% 以上;流速为 0.4 L·min⁻¹ 时,封堵率在 42% 以上;流速为 0.6~1.0 L·min⁻¹ 时,封堵率在 32% 以上。当采空区模拟装置内压力在 0.14~0.2 MPa 之间时,不同压力和流速下封堵率也能维持在 21% 以上,表明该凝胶颗粒用于裂缝封堵效果良好。

表 5.6 凝胶颗粒(添加体积是碎煤块体积的 1/5)的堵漏风测试结果

初始入口压力(MPa)	初始入口流速/(L·min⁻¹)				
	0.2	0.4	0.6	0.8	1.0
0.02~0.08	0.2	0.4	0.6	0.8	1
	100	100	100	100	100
0.1	0.2	0.24	0.34	0.43	0.46
	100	60	56.7	53.8	46
0.12	0.15	0.21	0.26	0.28	0.34
	75	52.5	43.3	35	34
0.14	0.13	0.17	0.21	0.24	0.32
	65	42.5	35	30	32
0.16	0.09	0.15	0.22	0.24	0.3
	45	37.5	36.6	30	30
0.18	0.07	0.13	0.18	0.2	0.24
	35	32.5	30	25	24
0.2	0.06	0.11	0.16	0.17	0.21
	30	27.5	26.6	21.3	21

(3)凝胶颗粒添加量的封堵效果分析

图 5.17 和表 5.7 显示了添加不同体积凝胶颗粒时的堵漏风装置图和测试结果。表明凝胶颗粒添加量对堵漏风性能有显著影响。表 5.7 显示,突破压力随着凝胶颗粒添加量的增加而增大。当添加凝胶颗粒体积是碎煤体积的 1/2 时,突破压力能达到 0.3 MPa,具有很好的承压能力。然而,在不同凝胶颗粒添加量下,其突破压力下的封堵率随着凝胶颗粒添加量的增加而降低,原因是采空区模拟装置初始入口压力越大,装置内外两端产生的压差越大,凝胶颗粒受挤压能力越强,产生的漏风量就越大,导致封堵率降低。尽管如

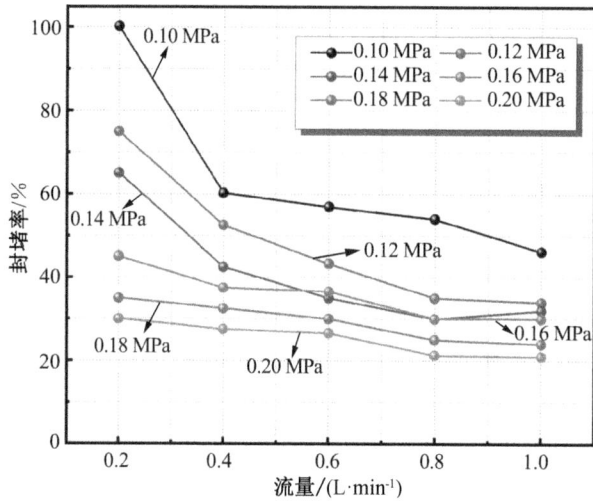

图 5.16　不同压力和流速下凝胶颗粒(添加体积是碎煤块体积的 1/5)的封堵效果

此,封堵率始终能维持在 21% 以上。由此可见,凝胶颗粒添加量越多,系统承压能力越大,堵漏风效果越好。

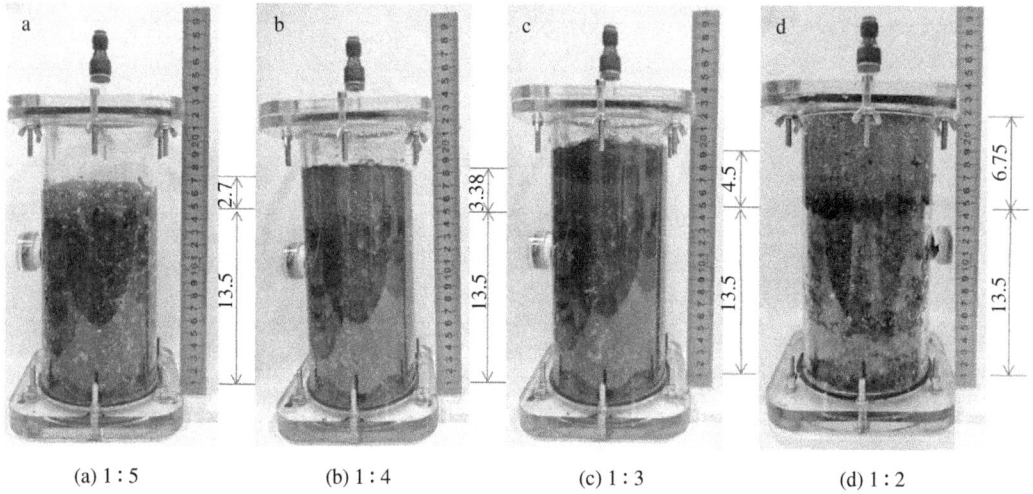

(a) 1∶5　　　　　(b) 1∶4　　　　　(c) 1∶3　　　　　(d) 1∶2

图 5.17　凝胶颗粒和碎煤块体积比为 1∶5、1∶4、1∶3、1∶2 时的装置图

表 5.7　凝胶颗粒和碎煤块不同体积比下的突破压力和封堵率

凝胶颗粒与碎煤的体积比	突破压力/MPa	封堵率/%
1∶5	0.1	62.5
1∶4	0.2	51.7
1∶3	0.24	33.3
1∶2	0.3	21

5.3.3　颗粒粒径与孔喉匹配特性

由凝胶颗粒封堵机理可知,凝胶颗粒发挥堵漏风效果除自身黏性和强度等性能外,颗粒粒径与孔喉的匹配关系也非常重要。颗粒粒径太小,裂缝封堵不住;粒径太大,无法到达指定封堵位置。本节针对凝胶颗粒"堵不住"和"进不去"问题,研究颗粒粒径与裂缝孔喉之间的匹配关系。

（1）破碎煤块孔喉尺寸分析

在多孔介质中,破碎煤体颗粒的大小和排列方式决定了孔喉直径 D 的大小。当煤体颗粒粒径分布均匀时,煤体颗粒的排列方式决定了其孔喉的尺寸。为方便计算煤块孔喉大小,利用颗粒理想模型对模拟煤体孔喉尺寸 D 进行分析。煤体颗粒排列方式可以分为三颗粒排列、四颗粒排列、五颗粒排列和六颗粒排列,具体排列方式如图 5.18 所示。从图中可以看出,煤体颗粒组成的孔喉直径随着颗粒排列个数的增加而增大。当排列形式为五颗粒和六颗粒排列时,形成的孔径与颗粒粒径本身相当。在实际情况中,煤体颗粒充填密实良好,五颗粒和六颗粒排列产生的孔径肯定会被其他颗粒充填进去,最终形成三颗粒或四颗粒排列。同理,对于七颗粒甚至更多颗粒排列时,形成的孔径会更大,最终被充填形成三颗粒和四颗粒排列。因此,煤体颗粒堆积形态主要有三颗粒和四颗粒排列两种方式。两种排列方式中,当煤体三颗粒排列时,孔喉直径 D 最小,$D_1 = 0.31R$（R 为煤体颗粒半径）;当煤体四颗粒排列时,孔喉直径 D 最大,$D_2 = 0.828R$（R 为煤体颗粒半径）。基于三颗粒和四颗粒排列可知,煤体颗粒之间的孔喉直径 D 应该介于两者之间,同一条件下,三颗粒和四颗粒排列之间具有固定的权重值 α,利用该权重值可以计算出不同粒径下形成的孔喉直径 D 的大小,计算公式如（5.4）所示。

$$D = \alpha D_1 + (1 - \alpha) D_2 \tag{5.4}$$

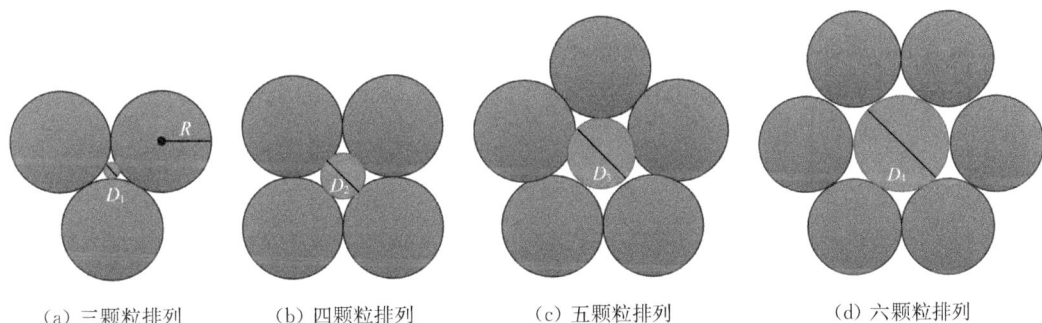

|(a) 三颗粒排列|(b) 四颗粒排列|(c) 五颗粒排列|(d) 六颗粒排列|

图 5.18　破碎煤块排列方式

一般情况下,权重值 α 在 0.5 左右,故本实验中 α 取 0.5 进行计算,即 $D = 0.5(D_1 + D_2)$。根据该公式可以计算出不同煤体粒径下产生的孔喉直径大小。具体计算如表 5.8所示。

表5.8　煤块孔喉直径　　　　　　　　　　单位：mm

煤体粒径	D_1	D_2	D
5	0.78	0.21	1.42
10	1.55	4.15	2.85
15	2.33	6.21	4.27
20	3.10	8.28	5.69

（2）实验设计

采用堵漏风测试系统进行实验,实验选取5种粒径的凝胶颗粒(充分吸水后的颗粒),按照不同的质量比进行均匀混合。根据前面的实验结果,当添加凝胶颗粒体积为碎煤体积的1/2,压力设置为0.3 MPa,流速为$1.0 L \cdot min^{-1}$时,采空区模拟装置出现漏风,达到突破压力。因此,本实验采用上述数值进行实验,分析不同粒径级配颗粒进入不同孔喉直径的难易程度和封堵效果。5种粒径凝胶颗粒分别选取80目(0.18 mm)、60目(0.25 mm)、40目(0.425 mm)、20目(0.85 mm)和10目(2 mm),分别编号为A、B、C、D和E。

本实验选取两种目数颗粒,按照3∶2和2∶3的比例进行混合,凝胶颗粒粒径级配如表5.9所示。通过计算得出每组颗粒的平均粒径,并分别对平均粒径的封堵效果进行分析。

表5.9　不同颗粒粒径级配

实验序号	颗粒编号比	比值	平均粒径/mm
1	A∶B	3∶2	0.21
2	A∶B	2∶3	0.22
3	B∶C	3∶2	0.32
4	B∶C	2∶3	0.36
5	C∶D	3∶2	0.60
6	C∶D	2∶3	0.68
7	D∶E	3∶2	1.31
8	D∶E	2∶3	1.54

（3）颗粒粒径与孔喉匹配关系

本实验研究了8种粒径的凝胶颗粒在输入压力为0.3 MPa,气体流速为$1.0 L \cdot min^{-1}$时进入4种孔喉直径的封堵性能,凝胶颗粒进入裂缝质量占比和封堵率如图5.19和表5.10所示。从图中可以看出,前4组实验(平均粒径小于0.36 mm)时,4种孔喉直径下凝胶颗粒均100%进入。随着平均粒径的增加,颗粒进入同种直径孔喉的质量分数逐渐降低,而孔喉直径越大,颗粒越容易进入。封堵率实验结果表明,不同孔喉直径下的封堵率均随着平均粒径的增加而升高,最高可达100%。结合表5.10的颗粒粒径与孔喉直径比值进行分析,当颗粒粒径与孔喉直径比值小于 1/7(0.143)时,颗粒全部进入裂缝,但封堵率很低。这是因为粒径较小时,颗粒通过挤压变形顺利通过孔喉,很难形成封堵隔离墙,即"堵不住",如图 5.20(a)所示。当颗粒粒径与孔喉直径比值为 1/7(0.143)～1 时,颗粒全部进入裂缝,封堵率有所提升,且颗粒粒径与孔喉直径的比值越大,封堵率越高。这是因为随着粒径的增加,较大颗粒进行卡堵后,颗粒逐渐堆积,形成堆积段,从而提高封堵效果,如图 5.20(b)所示。当颗粒粒径与孔喉直径比值大于 1 时,颗粒进入裂缝质量比降低,封堵率反而提高。这是因为部分较小的颗粒进入裂缝,大多数较大粒径的颗粒容易卡在入口的裂缝处,从而影响后面颗粒的进入,也就是形成"进不去"的封门现象,如图 5.20(c)所示。总的来说,颗粒粒径与孔喉直径比值是影响颗粒封堵效果的重要因素。当颗粒粒径与孔喉直径比值小于 1/7(0.143)时,封堵效果最差;粒径与孔喉直径比值为 1/7(0.143)～1 时,封堵效果最好;粒径与孔喉直径比值大于 1 时,出现"封门",颗粒堆积在裂缝表面,难以进入裂缝深处。

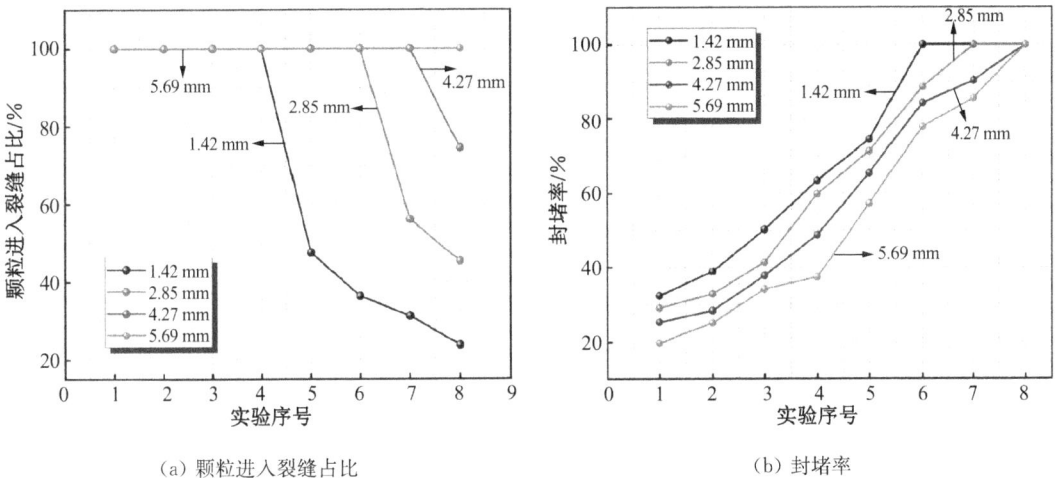

(a) 颗粒进入裂缝占比　　　　　　　　　　(b) 封堵率

图 5.19　8 种粒径颗粒进入 4 组裂缝占比(左)和封堵(右)结果图

表 5.10　不同颗粒粒径与孔喉直径比值下的封堵效果

颗粒粒径与孔喉直径的比值	颗粒进入裂缝占比/%	封堵率/%
小于 $\frac{1}{7}$	100	19.7～25.3
$\frac{1}{7}$～$\frac{1}{5}$	100	28.4～37.4
$\frac{1}{5}$～$\frac{1}{3}$	100	29.1～57.2
$\frac{1}{3}$～1	100	32.4～100
大于 1	23.5～74.3	74.5～100

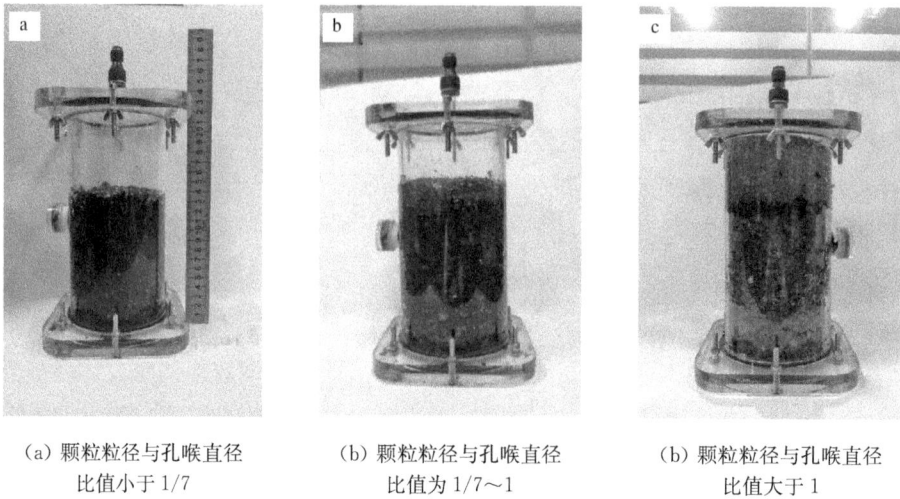

（a）颗粒粒径与孔喉直径
比值小于 1/7

（b）颗粒粒径与孔喉直径
比值为 1/7～1

（b）颗粒粒径与孔喉直径
比值大于 1

图 5.20　颗粒进入裂缝占比实物图

刚性颗粒自身不具有变形性，不能被挤压变形通过孔喉。当颗粒粒径与孔喉直径比值达到一定数值时，颗粒就会被卡堵在裂缝处，使系统更为稳定。而凝胶颗粒具有一定的变形系数，可以被挤压变形从而通过孔喉，因此，刚性颗粒与裂缝孔喉之间的匹配系数较为统一，即封堵效果最好时粒径与孔喉直径的比值位于 0.11～0.50 之间，不同刚性颗粒之间匹配系数的差距主要取决于注入参数和颗粒性质的不同。本实验中，凝胶颗粒封堵裂缝孔喉效果最好的粒径与孔喉直径比值为 0.143～1。已知本实验制备的凝胶颗粒最大弹性系数为 0.66，当凝胶颗粒受力挤压变形被压缩至最大的变形系数时，可以将凝胶颗粒看作刚性颗粒进行比较。因此，换算后的凝胶颗粒与裂缝孔喉封堵效果最好时的比值为 0.09～0.66，这与刚性颗粒和裂缝孔喉之间的比值 0.11～0.50 非常相似，且凝胶颗粒封堵效果最好时颗粒粒径与孔喉直径比值的范围大于刚性颗粒的范围。综上所述，凝胶颗粒比刚性颗粒适用范围更广，这增加了凝胶颗粒应用于煤体裂缝封堵的适应性。

5.4　本章小结

本章通过溶液聚合法制备了一种双网络凝胶颗粒。其中，第一网络是由单体 A(LS) 和单体 C(AA) 发生接枝共聚反应形成的高分子网络，第二网络是由单体 B(SA) 和电石渣澄清液（Ca^{2+}）螯合形成的结构。双网络凝胶颗粒实现地上交联，成品随溶液输送进入封堵煤层，在输送过程中可以吸水膨胀，从而对裂缝进行封堵，克服了传统凝胶类封堵材料在地下交联时受地下温度、pH 值等环境因素影响较大、性能不稳定等缺点。利用正交复配实验设计凝胶颗粒配比，通过方差和极差分析正交实验结果，确定单体、引发剂和交联剂添加量对凝胶颗粒性能的影响，并得到最优实验方案。对凝胶颗粒的微观结构和宏观性能进行研究，通过灭火实验和阻化实验探究了材料的防灭火性能，研究了凝胶颗粒的封堵机理,并利用自制堵漏风测试系统测试凝胶颗粒的封堵性能,最终计算出颗粒粒径大小及孔喉大小的封堵匹配关系。

(1) FT-IR、XRD、XPS 和 SEM 结果表明,凝胶颗粒封堵材料制备时发生自由基聚合反应(接枝共聚反应),LS 和 AA 通过氢键进行结合,SA 与 Ca^{2+} 之间进行螯合反应,生成具有三维网络结构的双网络凝胶。TG-DTG 结果表明,随着 LS 和 SA 的加入,单网络结构的热稳定性增加,双网络结构的热稳定性较单网络结构进一步提高。

(2) 通过探究凝胶内部的吸水机理,测试了凝胶颗粒的吸水倍率,表明该凝胶颗粒具有很好的吸水性能,并且具有离子和 PH 敏感性。在最优配比下,吸水倍率可达 121.25 倍。

(3) 通过凝胶颗粒弹性形变系数表征实验,得到该凝胶颗粒破碎前的最大压缩高度为 19.7 mm,最大弹性形变系数为 0.66。

第6章 采空区固化泡沫吸收 CO_2 固碳及防灭火

本章以电石渣等碱性固废为主要骨料,研发了一种兼具煤样阻化和 CO_2 矿化的功能型固化泡沫。研究了碱性固废固化泡沫的发泡性、稳泡性、防灭火特性和矿化固碳特性,实现了碱性固废固化泡沫在采空区内固碳与防灭火的一体化。

6.1 电石渣泡沫的制备及其性能测试

6.1.1 实验材料及其制备

电石渣粉:来自巩义市元享净水材料厂。

阴离子发泡剂:十二烷基硫酸钠(SDS,总醇量≥59.0%,天津光复精细化工研究所)。

稳泡剂:海藻酸钠(SA,天津光复精细化工研究所)、聚乙烯醇1799型(PVA,醇解度98%~99%,上海阿拉丁生化科技股份有限公司)、水玻璃(WG,固含量34%,临沂市绿森化工有限公司)。

其他材料:硅微粉(固含量99%,产地:广东河源)、普通硅酸盐水泥(产地:河北石家庄灵寿县远通矿产品贸易有限公司)、蒸馏水、自来水(青岛市黄岛区辛安自来水公司)。

由于PVA呈颗粒状,在溶液中性质稳定,很难溶解。SA在溶液中也容易聚结成团状。使用之前,先将PVA和SA分别放在85℃和55℃的水浴锅中,在转速300 rpm下水解4 h。考虑到水解加热后水会蒸发的事实,用涂上凡士林的磨口玻璃塞密封三口烧瓶,待实验结束后称量水解前后的质量差,并向其中补充蒸馏水后搅拌均匀,用试剂瓶密封保存。水解前总质量记为 m_1,水解后总质量记为 m_2,待水解结束后向其中加入水的质量为 Δm,搅拌均匀。计算公式如下:

$$\Delta m = m_1 - m_2 \tag{6.1}$$

6.1.2 电石渣泡沫性能

(1)性能测试方法

① 发泡体积测试

首先,将发泡剂SDS与自来水混合,用玻璃棒慢速搅拌至发泡剂完全溶解,制成泡沫

108

预制液;然后,将泡沫预制液、电石渣、水泥(或硅微粉)、稳泡剂依次混合,并用 Warning-Blender 法,在 1 700 rpm 下机械搅拌 3 min,制成电石渣泡沫。其制备流程如图 6.1 所示。待机械搅拌结束后,立即读取烧杯刻度,记录发泡体积(V)。实验重复进行 5 次,剔除结果的最大值和最小值,取其余 3 次实验结果的平均值为最终结果。

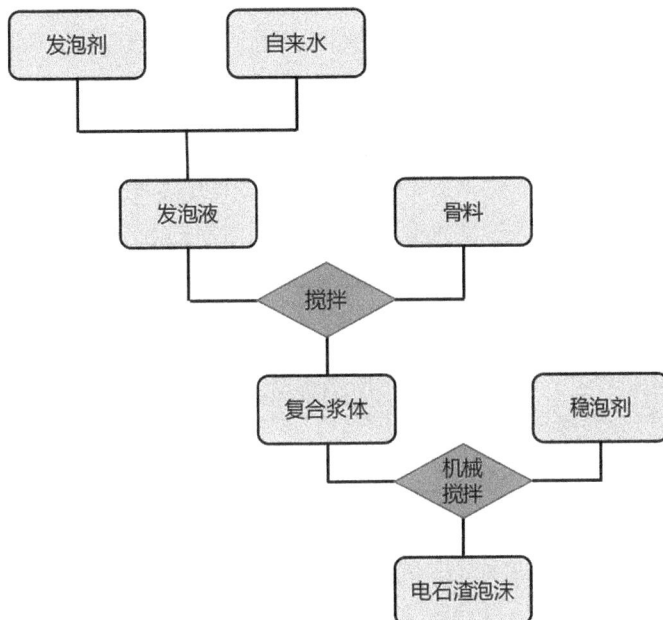

图 6.1　电石渣泡沫制备流程

② 排液体积及稳定系数的测试

电石渣泡沫制成后静置 30 min,然后将其倒入布氏漏斗中再次静置 10 min。接着用量筒量取漏斗下方烧杯中澄清液的体积作为排液体积 V_1,基液体积为 V_2。稳定系数 S 按式(6.2)计算。

$$S = \left(1 - \frac{V_1}{V_2}\right) \times 100\%$$ (6.2)

③ 电石渣泡沫的动态过程演化

采用上海光学仪器一厂 XSP-8CA 生物显微镜连续观测泡沫的形状变化。首先,将少量新鲜的电石渣泡沫均匀涂抹在载玻片上,然后打开通光孔,调整物镜的倍率、粗准焦螺旋和细准焦螺旋至图像清晰,并每隔 10 s 对泡沫形状进行截图记录。

④ X 射线衍射实验

采用日本理学公司的 D-MAX 2500/PCX 射线衍射仪,对真空干燥后的电石渣、水泥、硅微粉和泡沫样品进行 X 射线衍射测试。扫描速率为 5°/min,扫描范围为 5°～90°。使用 Jade6 软件对各原料及泡沫的衍射峰进行定性分析,获得泡沫与各原料的物质组成。

⑤ 傅里叶红外光谱测试

采用美国 Thermo Fisher Scientific 公司 Nicolet iS50 傅里叶红外光谱仪,对水玻璃(WG)、电石渣和泡沫进行红外测试。首先,使用 KBr 粉末压片获得背景参考光谱;然后,将粉末状样品与干燥的 KBr 按 1:200 的比例添加到研钵中研磨,在 10 MPa 下压片 3 min后进行扫描。波数范围为 4 000~400 cm^{-1},分辨率为 4 cm^{-1}。通过对比各原料及泡沫样品的红外光谱峰的变化,从微观角度分析原料在形成泡沫过程中物质结构的变化。

(2)电石渣泡沫的发泡性

电石渣的形成如图 6.2 所示。电石渣泡沫是一种均匀分布的三相体系,电石渣属于一种亲水性较强的固体颗粒。当其分散在水中会形成一层水化层,当加入发泡剂后,发泡剂的亲水基会吸附在电石渣颗粒表面,疏水基则会朝向水的定向吸附,使电石渣表面变成疏水性,这样易于黏附在气泡壁上。同时,发泡剂吸附在气泡壁上,能够形成稳定的水化层,防止气泡兼并。

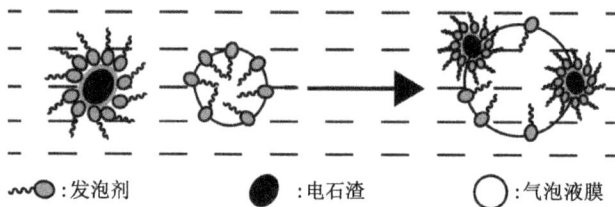

图 6.2 电石渣泡沫形成示意图

图 6.3 显示了加入骨料颗粒(硅微粉或水泥)后的发泡结果。随着水固比降低,发泡体积逐渐减少。当水固比低于 5:1 时,发泡体积出现剧降。因此将 5:1 定义为临界水固比发泡点,在该点处泡沫对颗粒物的浮力与物体所受的重力保持平衡。当超过这一水固比,泡沫所能承载电石渣颗粒的能力发生剧变,生成的泡沫短时间内易塌陷。因此,水固比不能低于 5:1。

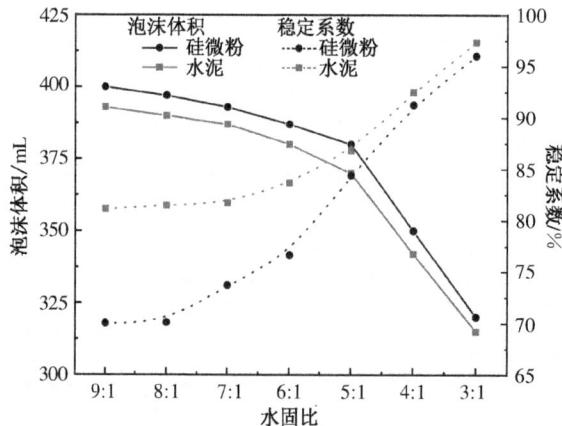

图 6.3 骨料添加剂分别为硅微粉和水泥时不同水固比的发泡体积与稳定系数

图 6.4 显示了不同质量的水玻璃（WG）对发泡性能的影响。在无水玻璃的情况下，电石渣泡沫难以形成。当水玻璃的添加量达到 10 mL 时，泡沫的体积剧增。水玻璃具有使颗粒悬浮的作用，在水溶液中解离出 SiO_3^{2-}，进一步水解成 $HSiO_3^-$，其含丰富的 Si—O 键，具有稳定的空间四面体结构，起到了支撑电石渣泡沫的作用。然而，随着水玻璃的添加量继续增大，发泡体积逐渐降低。

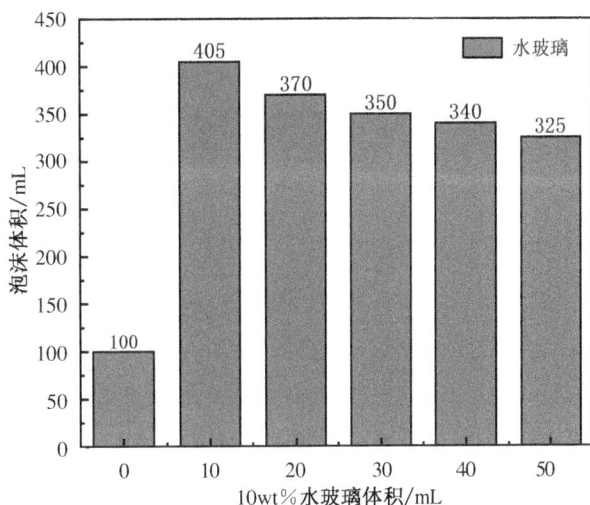

图 6.4　不同体积的水玻璃对发泡体积的影响

（3）电石渣泡沫的稳泡性

图 6.5 显示了不同质量的水玻璃对排液体积的影响。随着水玻璃添加量的增加，排液体积降低。然而，当水玻璃的体积超过 30 mL 时，泡沫开始出现塌陷现象。这是由于大量水玻璃在溶液中解离出过多的 SiO_3^{2-} 与 Ca^{2+} 通过液相反应生成 $CaSiO_3$ 胶核，水分子与 OH^- 吸附在表面形成吸附层，与胶核共同构成胶体粒子。胶体粒子过多发生相互积聚，导致细小胶粒不断增大形成胶束。凝结后泡沫脆性较强，易导致塌陷。为了解决这一问题，进一步探究了 SA、PVA 及其复配情况下的泡沫稳定性。

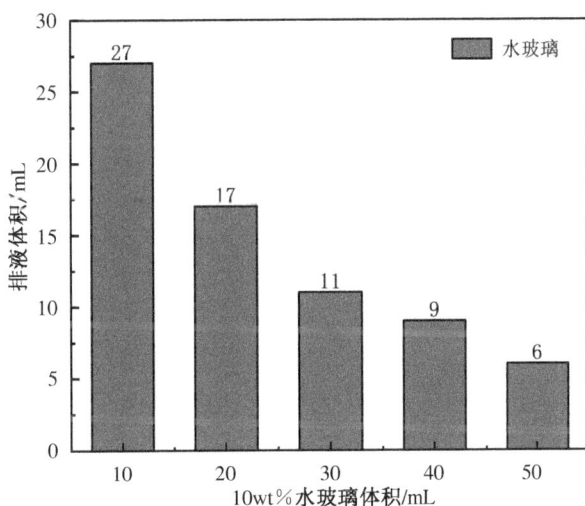

图 6.5　不同体积的水玻璃对排液体积的影响

SA、PVA 及其复配对泡沫性能的影响如图 6.6(a)所示。SA 与 PVA 按 1∶1 复配。随着稳泡剂量的增加，排液体积明显降低。当加入相同体积的稳泡剂时，相较于单独添加 SA 或者 PVA,同时添加 SA 与 PVA 时的排液体积最小,并且泡沫能够长时间保持稳定状态。高分子聚合物呈链状结构,在水分子的溶剂化作用下,链段发生扩张,高分子在运动时会携带一部分水分子一起迁移,导致高分子链在流动时受到较大的内摩擦阻力,排液速率减慢。PVA 在泡沫液膜表面形成一层分子膜,能够有效抑制泡沫排液和气体扩散,并且这层膜随着时间的增加能够固化形成薄膜,增加泡沫的韧性。SA 含有大量的—OH,会与 SDS 的头基 O⁻形成 O—H···O 氢键,减弱 SDS 亲水基间的电荷斥力,增强头基间的作用,且疏水密度增加,表面膜强度提高,膜内液体流失速率和气体扩散速率减慢,从而延长泡沫的寿命。图 6.6(b)显示了不同稳泡剂对发泡体积影响。在添加量 5~40 mL 的范围内,SA 和 PVA 对发泡体积的影响不明显。综合考察不同稳泡剂对发泡体积和稳泡体积的影响,确定的最佳配比为:10 mL 10 wt% WG,10 mL 5 wt% PVA 与 10 mL 1 wt% SA。

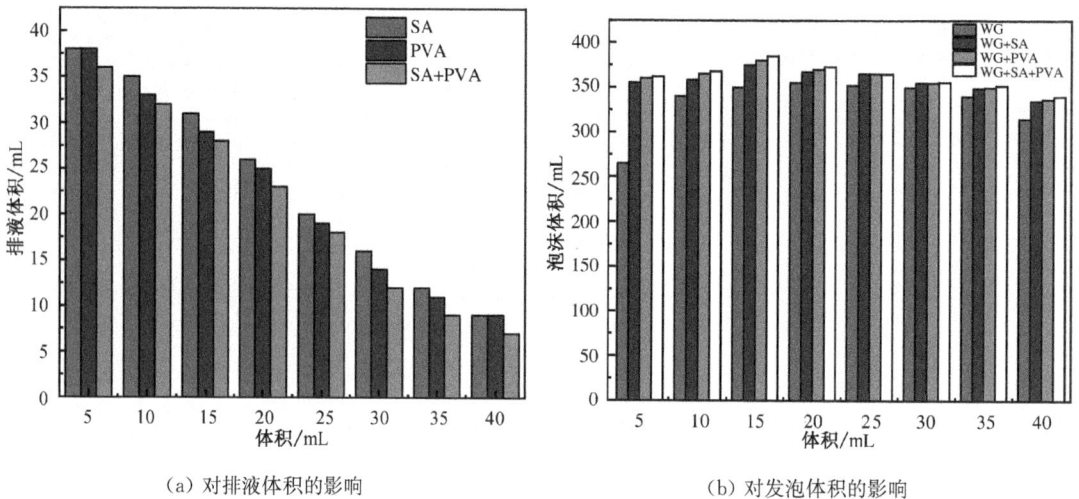

(a) 对排液体积的影响   (b) 对发泡体积的影响

图 6.6 不同稳泡剂对泡沫性能的影响

泡沫的稳定性受液膜排液的影响,而液膜排液速率与泡沫的含水量有着直接的关系。同时,泡沫中添加适当的骨料可以提高连续相液体的有效黏度,从而减缓泡沫的排液速率,提高泡沫的稳定性。因此,研究了水固比以及颗粒物的种类(水泥和硅微粉)对泡沫稳定性的影响。

图 6.3 显示了不同水固比对稳定系数的影响,随着水固比的减小,排液速度减慢,泡沫稳定系数明显提高。在相同的水固比下,以水泥为骨料的稳定系数高于以硅微粉为骨料的泡沫稳定系数,但是在水固比大于 5∶1 后,两者的区别逐渐减小。因此,对以水泥为骨料的电石渣泡沫,探究了不同水固比对排液体积的影响,如图 6.7 所示。随着水固比的减小,泡沫的排液体积显著降低,表明在一定程度内,添加固体颗粒物可有效提高泡沫的稳定性。这是因为少量的颗粒可在气泡液膜表面发生不可逆吸附,提高泡沫的聚并稳定性。此外,水泥作为一种胶凝材料,有较好的粘附性,能够使泡沫中的固体颗粒相互粘接,

起到支撑泡沫的效果。硬化后的水泥具有一定的强度,进一步提高了泡沫的稳定性。但是,当水固比大于 6∶1 后,排液体积的下降速率显著增大。综合泡沫的稳定系数和发泡体积,以水泥作为骨料时,最佳水固比为 6∶1。

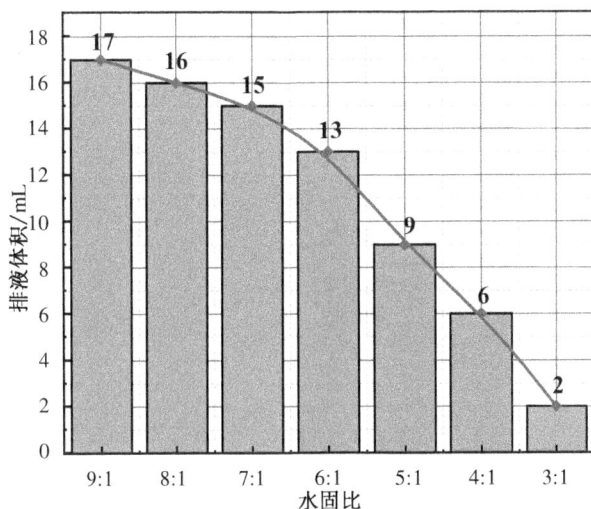

图 6.7　不同水固比对排液体积的影响

图 6.8 为数码相机下不同时刻的泡沫图。图 6.8(a)、(b)中左烧杯为初始时的电石渣泡沫,呈灰白色均匀致密,右烧杯为第 30 min 时的电石渣泡沫,泡沫的颜色逐渐演变成灰黑色这是由于泡沫排液等因素造成的。图 6.8(a)底部红线圈出的部分是第 30 min 时泡沫排除的液体,液体澄清,无固体颗粒沉淀,且此时泡沫的高度几乎没有变化。图 6.8(c)、(d)显示在第三天时,泡沫逐渐硬化,两烧杯的泡沫下降高度分别为 0.8 cm 和 0.9 cm。而在第 7 天,两烧杯泡沫下降的高度也仅有 1 cm 和 1.2 cm[图 6.8(e)、(f)],约占泡沫初始高度的 13.3% 和 17.3%。这表明泡沫的高度在前三天变化较大,硬化后高度变化较小,进一步证明了在此水固比下的泡沫具有较好的稳定性。

图 6.9(a)～(d)记录了在光学显微镜下不同时刻的电石渣泡沫演化过程。随着时间的顺延,完整的泡沫由光泽鲜亮逐渐变得暗淡,泡沫壁逐渐变得粗厚。由于泡沫的聚并、重力作用等因素,泡沫液膜间会逐渐形成连通孔,如图 6.9(c)～(d)所示,泡沫体系中的水则会顺着这些连通孔渗透出来。泡沫孔的形状也由起初粒径较小且规则的球形演变成粒径较大且不规则的多面体,如图 6.9(e)所示。这是泡沫自我稳定的过程。因为泡沫是一个热力学不稳定体系,泡沫与泡沫之间存在力的相互作用,部分泡沫受力不均会导致变形缩小,进而被稳定的泡沫吞并,粒径逐渐扩大。图 6.9(f)为 100 倍下的泡沫局部放大图。显示没有吸附在液泡膜表面的颗粒在液泡膜之间相互黏结形成架桥,与吸附在液泡膜表面的颗粒相互黏结,提高了泡沫的结构稳定性,有效抑制了因颗粒分散而导致的泡沫不稳定。

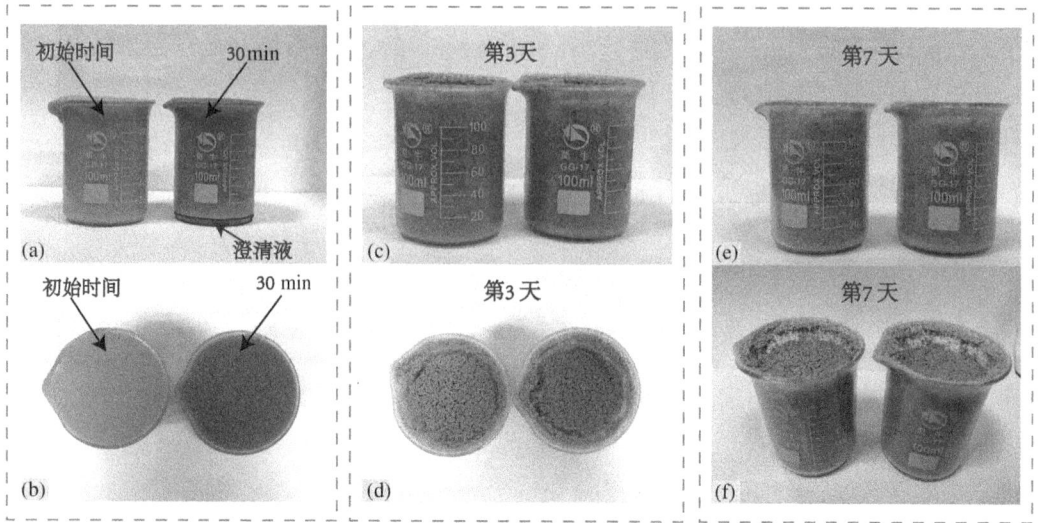

图 6.8　不同时刻泡沫演化的俯视图与侧视图
（a）、（b）0 至 30 min 时的泡沫演化，（c）、（d）第三天，（e）、（f）第七天

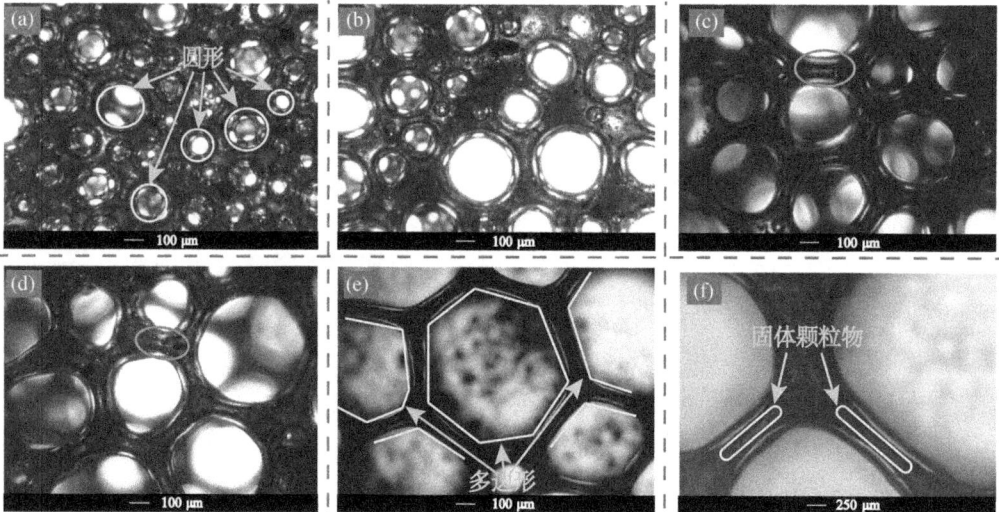

图 6.9　泡沫的演化过程
（a）～（d）分别为 30 s、90 s、150 s、300 s 时的泡沫图；
（e）为 300 s 时泡沫壁的 40 倍放大图；（f）为 300 s 时泡沫壁的 100 倍放大图）

　　图 6.10 为电石渣泡沫的粒径大小和粒径分布是影响泡沫稳定性重要的微观性能。我们根据采集的照片，结合 Nano Measurer 软件对泡沫的粒径进行了数据分析。图 6.10 显示了添加硅微粉或者水泥的电石渣泡沫的粒径分布。通过对比，两种电石渣泡沫在粒径和分布上存在一些差异：含 4 wt％水泥的电石渣泡沫的粒径大小主要集中在 120～

240 μm,分布率达到 71.66%,粒径最大值为 433.42 μm,最小值为 97.26 μm,粒径极差为 336.16 μm,平均粒径为 196.87 μm。而含 4 wt% 硅微粉的电石渣泡沫的粒径分布在 120～240 μm 的分布率仅为 57.62%,粒径最大值为 412.15 μm,最小值为 100.30 μm,粒径极差为 311.85 μm,其平均粒径为 210.85 μm。从粒径大小和粒径分布来看,两种配方的电石渣泡沫平均粒径相差不多,但含水泥的电石渣泡沫的粒径分布更为集中。这进一步证明了水泥相比于硅微粉更有助于提高泡沫的稳定性能。

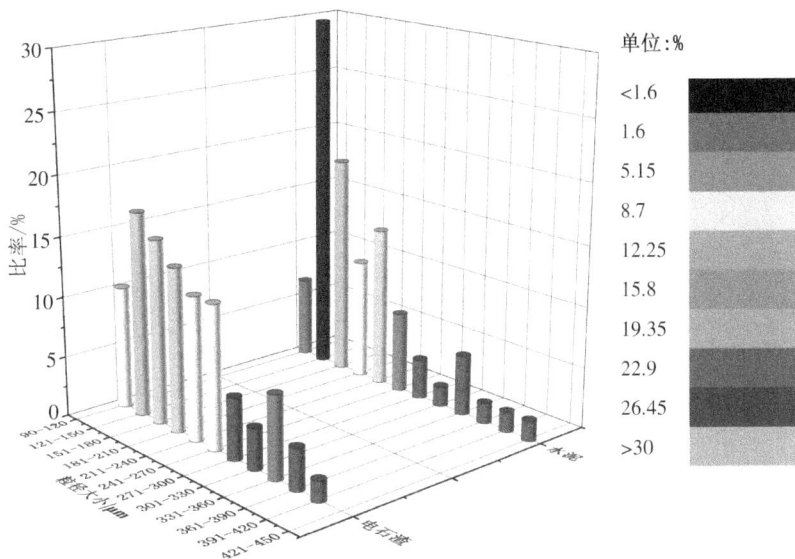

图 6.10　两种不同添加剂骨料的粒径分布

彩图链接

（4）电石渣泡沫的组成及结构

如图 6.11 为水泥、硅微粉、电石渣泡沫、含水泥泡沫和含硅微粉泡沫的 X 射线衍射图。从图中的曲线 a 可以看出水泥的主要成分为 SiO_2 和 $CaCO_3$；曲线 c 显示电石渣的主要成分为 $Ca(OH)_2$。通过对比曲线 c、d 与 e 可以发现,不论加入水泥还是硅微粉,泡沫中的 $Ca(OH)_2$ 衍射峰强度显著降低,并出现了 $CaCO_3$ 的衍射峰,SiO_2 的衍射峰基本不变。表明泡沫在室温环境下,能与 CO_2 发生反应,生成 $CaCO_3$。

图 6.12 为泡沫及其主要原料水玻璃和电石渣的红外光谱

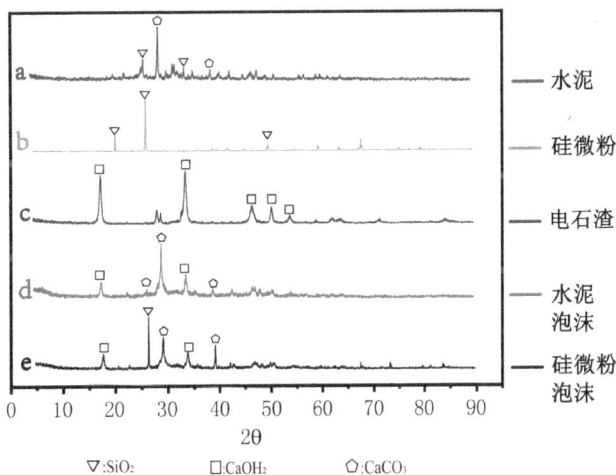

图 6.11　骨料及泡沫 XRD 谱图

图。在 3 700~3 200 cm^{-1} 处为—OH 振动吸收峰,电石渣的红外曲线中 3 642 cm^{-1} 的峰值强度很高,对应于 Ca(OH)$_2$ 中的—OH。而固化后的泡沫在此处的峰值明显降低,表明羟基参与了复分解反应。在 2 922 cm^{-1} 处为 CH$_2$ 的振动吸收峰,对应发泡剂 SDS 烷基的峰。在 1 796 cm^{-1} 处为 C—O 伸缩振动吸收峰,在 1 425 cm^{-1} 处为 C—O 反对称伸缩振动吸收峰,在 873 cm^{-1} 和 712 cm^{-1} 处分别为 CO$_3^{2-}$ 面外弯曲振动和 CO$_3^{2-}$ 面内弯曲振动吸收峰,两处吸收峰以 873 cm^{-1} 和 712 cm^{-1} 为中心得到加强。这归因于泡沫吸收了 CO$_2$ 与水反应生成了大量 CO$_3^{2-}$ 和 HCO$_3^-$。在 1 032 cm^{-1} 处的吸收峰为 Si—O—Si 非对称拉伸振动吸收,在 452 cm^{-1} 为 Si—O—Si 的弯曲振动峰。这表明少量的水玻璃在电石渣泡的制备过程中形成了具有空间四面体的 Si—O—Si 键,有助于稳定泡沫结构。

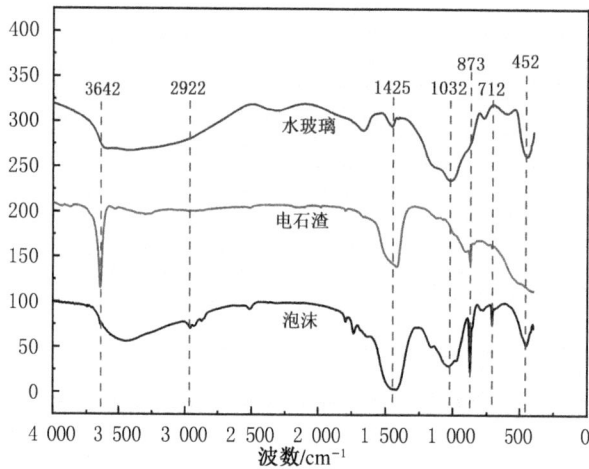

图 6.12　泡沫及其主要原料的红外光谱

6.1.3　电石渣泡沫的形成机理

在室温下,先将电石渣和水泥倒入烧杯中搅拌均匀,再加入 SDS 泡沫预制液、WG、PVA 和 SA,混合搅拌均匀,如图 6.13(a)所示。SDS 吸附在气液交界处形成有序排列的单分子层,亲水基与水分子结合形成氢键,疏水基与空气结合,如图 6.13 (d) 所示。在 1 700 rpm 的转速下,大量空气被带入溶液中,导致泡沫产生,如图 6.13 (b) 所示。在显微镜下观察到,丝絮状物质连接着颗粒,形成了架桥结构。推测这是 PVA 和 SA 的作用下形成了具有黏结性的 PVA 薄膜,提高了泡沫的弹性和韧性。在泡沫固化过程中,通过吸收空气中的 CO$_2$,与泡沫中的 Ca(OH)$_2$ 反应生成 CaCO$_3$。此外,在 WG 和水泥的作用下,会产生一些未定型的 C—S—H 胶体,起到起支撑泡沫的作用,从而泡沫硬化后具有更强的支撑强度。

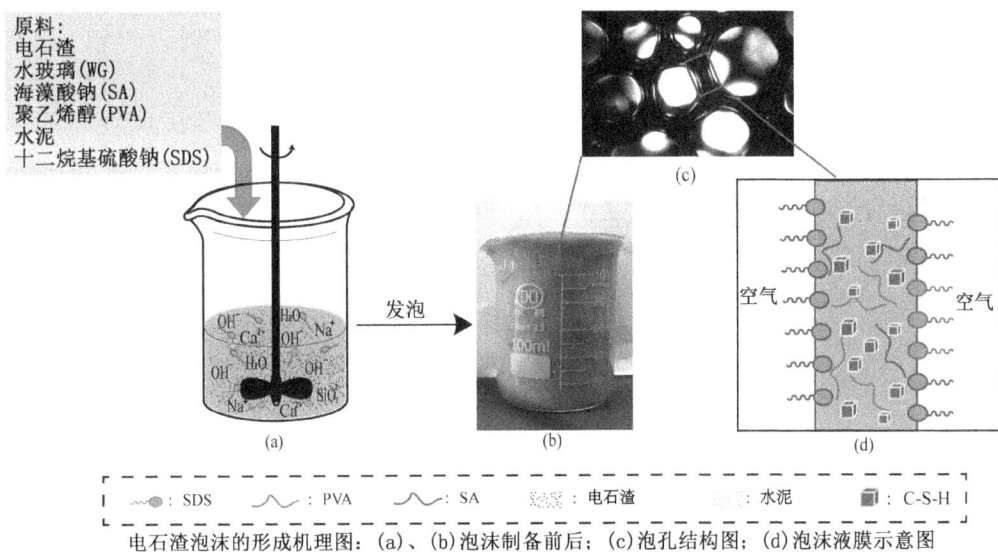

电石渣泡沫的形成机理图: (a)、(b)泡沫制备前后; (c)泡孔结构图; (d)泡沫液膜示意图

图 6.13 电石渣泡沫形成机理图

6.1.4 电石渣泡沫的特点

电石渣泡沫具有良好的稳定性。因为电石渣泡沫的泡沫壁是在超细颗粒、表面活性剂、稳泡剂和胶凝剂的共同作用下,形成了具有立体网状结构的泡沫壁,其排液速率显著降低。通过有机和无机的相互结合,形成的液膜较为牢固且不易破裂。在固体颗粒的作用下,泡沫的稳定性进一步增强。

电石渣泡沫具有良好的防灭火性能。它具有发泡体积大、覆盖范围广、可向上堆积、润湿性强等特点,且所用的主要骨料是一种不燃物。泡沫中含有较多的盐,对煤样的润湿阻化效果良好,能有效堵住漏风通道,隔绝氧气对煤的供给,减缓煤的氧化作用。

电石渣泡沫具有捕集和封存 CO_2 的作用。电石渣泡沫是一种强碱性泡沫,富含 CaO 和 $Ca(OH)_2$。由于电石渣泡沫中含水量较高且比表面积较大,泡沫边界及泡沫液膜上有大量游离的 Ca^{2+} 和 OH^-,在水的作用下,CO_2 溶于水形成 CO_3^{2-},Ca^{2+} 与 CO_3^{2-} 反应生成稳定的碳酸盐($CaCO_3$)。这一过程不仅完成了对温室气体 CO_2 长期有效封存,还降低了泡沫自身强碱性对土壤和水等环境的污染。

6.2 电石渣泡沫矿化封存 CO_2 性能

6.2.1 电石渣泡沫矿化固碳性能测试方法

(1)电石渣泡沫矿化封存二氧化碳的定性测试

泡沫对 CO_2 封存性能测试。测试装置(图 6.14 所示)主要由锥形瓶、储气袋、CO_2 钢瓶和计时器构成。实验开始前先进行气密性检测。如图 6.14(a)所示,将管件连接好后,打开 CO_2 钢瓶,向锥形瓶与储气袋内通入 CO_2,直到储气袋膨胀至一定大小。静置 30 min 后,若储气袋大小不变,则说明该装置气密性良好。然后,以 100 mL/min 的速率向锥形瓶内通入 CO_2,持续时间 20 min,以排尽锥形瓶内的空气,之后迅速向锥形瓶中倒入新鲜的电石渣泡沫,并立即塞紧瓶塞。再次通入 CO_2,使储气袋膨胀至一定体积,并关闭阀门,如图 6.14(b)所示,观察瓶内泡沫和 CO_2 储气袋的变化。若瓶内泡沫与 CO_2 反应,则储气袋会明显缩小,如图 6.14(c)所示。

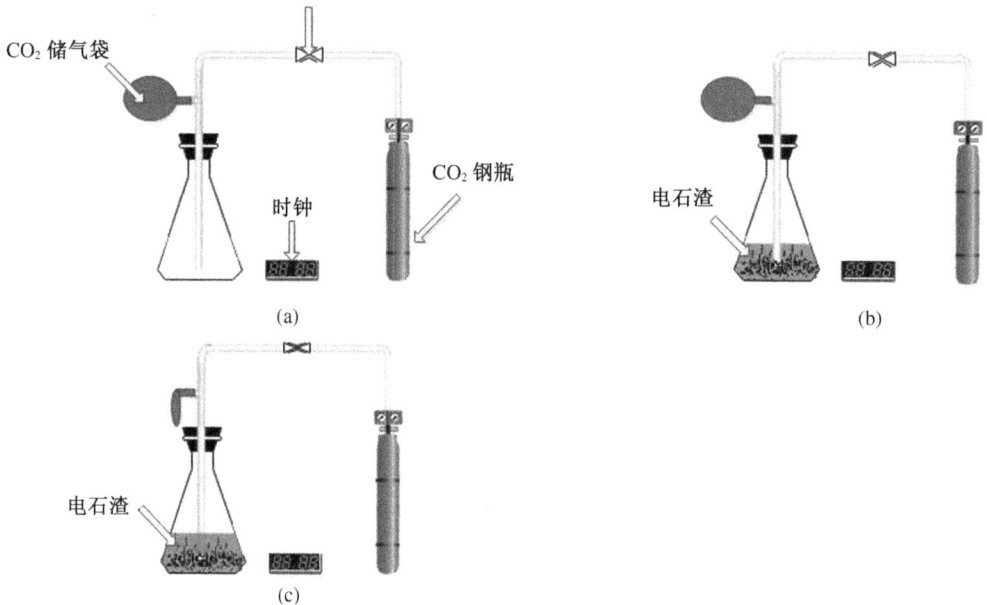

图 6.14 CO_2 矿化性能测试装置示意图

(2)泡沫对 CO_2 封存性能的定量测试

首先检查反应釜装置的气密性。拧紧卡环螺钉后,及时关闭所有截止阀门,把釜体放入加热炉内,插入温度传感器插头。打开通气阀门后压力升至 0.8 MPa,立即关闭阀门。若在 12 h 内压力的变化值少于 0.05 MPa,则说明反应釜装置气密性良好。

首先用电子天平按 1:1 的比例称取 0.35 g 发泡剂十二烷基硫酸钠(SDS),并将其与定量的水混合,用玻璃棒手动搅拌至不再有块状体黏附在杯底和杯壁上;然后在磁力搅拌器上常温搅拌 3 min,搅拌速度为 200 rpm,制成泡沫预制液;接着定量称取电石渣 10.7 g、水泥 3.5 g,量取 10 wt%水玻璃(WG)、1 wt%海藻酸钠(SA)和 5 wt%聚乙烯醇(PVA)各 10 mL,依次倒入烧杯中,并用玻璃棒手动搅拌 1 min,再用 Warning-Blender 法,在 1 700 r/min 下机械搅拌 3 min,制成电石渣泡沫。

由于电石渣泡沫在量取的过程中体积会发生改变,为了保证实验的准确性,内衬中参与反应的总质量为 100 g。首先用电子天平定量称取新鲜的电石渣泡沫,倒入反应釜的聚四氟乙烯内衬中；然后量取一定质量的水，拧紧卡环螺钉后，及时关闭所有截止阀门，把釜体放入加热炉内，插入温度传感器插头；最后，启动加热系统至所需温度后，打开通气阀门通入 CO_2 气体，待压力升至 0.8 MPa 后立即关闭阀门，实验时间为 6 h。

（3）矿化前后电石渣泡沫的 XRD 分析

X 射线衍射实验。采用日本 Rigaku corperation 公司的 Rigaku Utima IV X 射线衍射仪，对真空干燥后的电石渣、矿化封存 CO_2 后的电石渣样品进行 X 射线衍射测试。扫描速率为 8(°)/min，扫描范围为 5°~80°。使用 Jade6 软件对各原料及泡沫的衍射峰进行定性分析，获得矿化后泡沫与各原料的物质组成。

（4）矿化前后煤样的 SEM 分析

采用美国 FEI 公司的 APREO 扫描电子显微镜对原煤、电石渣泡沫和电石渣泡沫处理后煤样的形貌特征进行分析。取 2.5~5 mm 的实验样品，在 60 ℃ 的环境下真空干燥 24 h，待真空喷金后放入实验舱内，在 10 kV 的加速电压条件下观察各试样的微观形貌。

6.2.2　电石渣泡沫矿化固碳性能

（1）矿化封存实验

图 6.15 为电石渣泡沫矿化封存 CO_2 前后的对比图。首先通过图 6.15(a) 和 (b) 验证了装置在 30 min 内的气密性。确定气密性良好后，展开了矿化封存实验。将新鲜的 400 mL 泡沫倒入烧瓶中，向瓶中通入 CO_2，待气球膨胀至一定程度后停止通气，见图 6.15(c)。170 s 后，气球形状明显缩小，见图 6.15 (d)。267 s 时，储气袋呈凹瘪状，如图 6.15 (e) 所示。图 6.15 (f) 显示，通入 CO_2 后，部分 CO_2 溶解在泡沫表面的水中生成 CO_3^{2-} 和 HCO_3^-，然后与溶液中 Ca^{2+} 和 OH^- 反应生成碳酸钙和水。固体颗粒黏附在泡沫表面，泡沫孔型为开口型，这为底层泡沫可持续矿化提供了气体输送的通道，提高了电石渣泡沫的利用率。

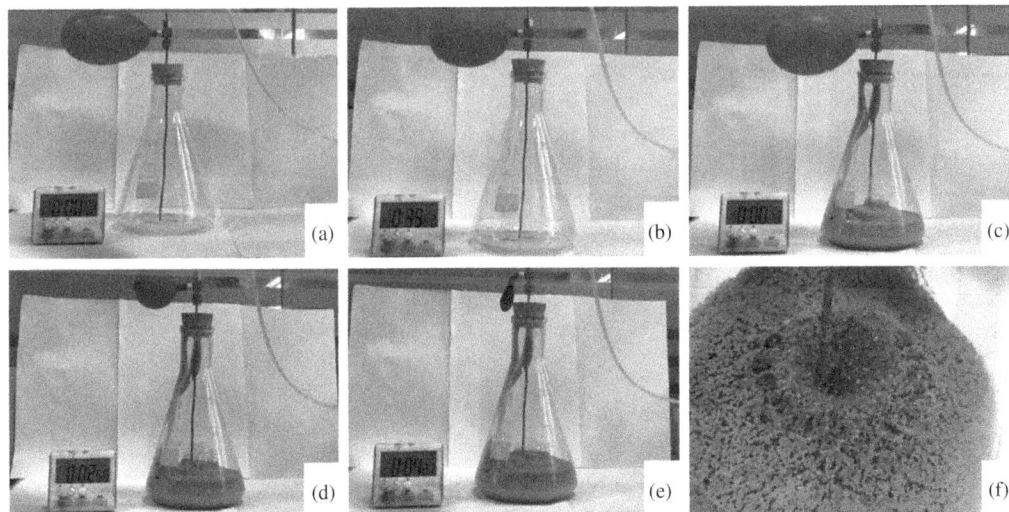

图 6.15　泡沫对 CO_2 的矿化测试结果

（2）电石渣泡沫对 CO_2 矿化效率的实验

在初始压力相同的情况下，通过对比不同温度对矿化效率的影响，为了更贴切井下的环境温度，所选的实验温度为 25 ℃、35 ℃、45 ℃，以不同质量分数为 20 wt％、40 wt％、60 wt％的泡沫对矿化效率的影响。

由矿化实验可知，电石渣泡沫可在短时间内完成对 CO_2 的矿化吸收。为了进一步估算电石渣泡沫对 CO_2 的矿化效率，我们利用高温高压反应釜展开了关于不同温度下和不同质量电石渣泡沫对 CO_2 的矿化实验，反应时间为 6 h，因为这足以让 CO_2 溶于水并与氧化物发生反应。

图 6.16～图 6.20 分别为在相同质量的样品不同温度下反应釜内的压强变化。为了避免压强对反应结果造成较大影响，所有实验将初始压强设定为 0.85 ± 0.2 MPa。由于 CO_2 是一种弱酸性气体，在一定压力下会溶于水，为了对比矿化效果，设置了一组空白对照组，在不同温度（25 ℃、35 ℃、45 ℃）下 100 mL 水在反应釜内的压强变化，实验时间为 360 min，结果如图 6.16 所示。结果表明，随着温度的升高，实验结束时的压强也随之升高，这是由于随着温度的升高，分子的平均动能增大，气体发生膨胀。此外，随着温度升高，CO_2 在水中形成的碳酸更易分解，溶解度降低。在其他实验相同的条件下，图 6.17 为电石渣碱液在不同温度下的压强变化，结果表明，在前 150 min 内的压强变化较为剧烈，随后趋于平缓。这是因为电石渣浆液含有少量强碱性物质 $Ca(OH)_2$，其溶液中游离的 Ca^{2+} 会与 CO_3^{2-} 形成稳定的 $CaCO_3$。

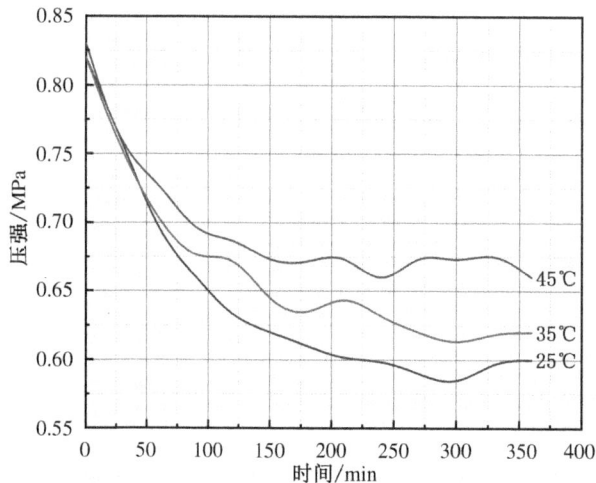

图 6.16　CO_2 在 100 mL 水中的压强变化

由图 6.16 和图 6.17 可知，在反应物质量和初始压强相等的情况下，实验结束时压强的变化受温度影响较大，其大小顺序为：$P_{25℃} > P_{35℃} > P_{45℃}$。当反应物为电石渣泡沫时，其他条件不变，由图 6.18～图 6.20 可知其大小顺序为：$P_{25℃} > P_{45℃} > P_{35℃}$。一方面电石渣泡沫是一种多孔结构的碱性材料，其比表面积远大于溶液，而电石渣浆液或水与

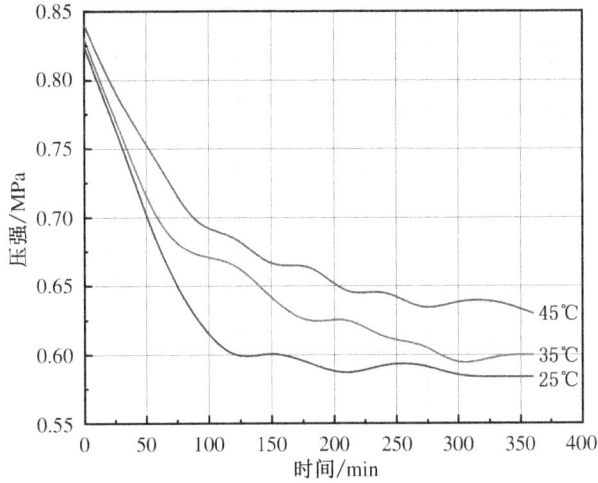

图 6.17　CO_2 在 100 mL 碱液中的压强变化

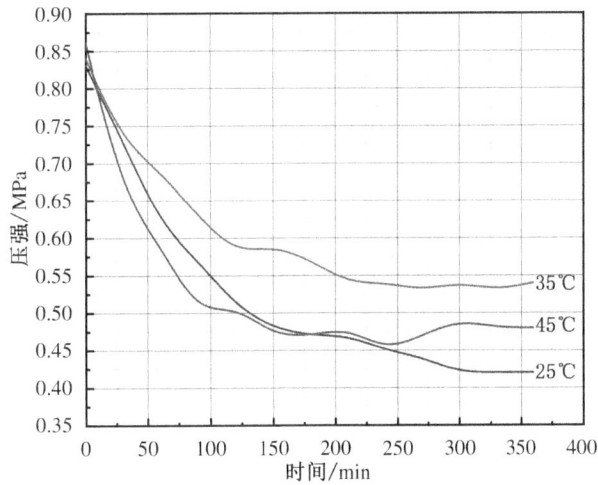

图 6.18　CO_2 在 20 wt% 电石渣泡沫的压强变化

CO_2 的直接接触面积有限,在 0.8 MPa 的压强下,CO_2 很难与底部浆液接触。由于 $Ca(OH)_2$ 是一种微溶于水的碱,浆液表面游离的 Ca^{2+} 有限,实验结束时测试的底部浆液 pH 接近 10,这说明与 CO_2 直接接触的比表面积对实验结果的影响较大。另一方面,当反应温度为 45 ℃时,更多 CO_2 可进入泡沫形成 CO_3^{2-},与游离的 Ca^{2+} 反应形成稳定的 $CaCO_3$,在前 100 min 内的反应速率大于 25 ℃和 35 ℃的反应速率。在这一阶段,泡沫对 CO_2 的影响大于温度对 CO_2 溶解度的影响。但在 100 min 后,45 ℃时 CO_2 的反应速率逐渐趋于平缓,这是由于温度对 CO_2 溶解度的影响大于碱性物质对 CO_2 的吸收,其反应速率小于 25 ℃的反应速率,导致最终的压强结果为 $P_{25℃} > P_{35℃} > P_{45℃}$。综上所述,在反应物质量和初始压强相等的条件下,25 ℃即常温下为效果最佳的反应温度。

121

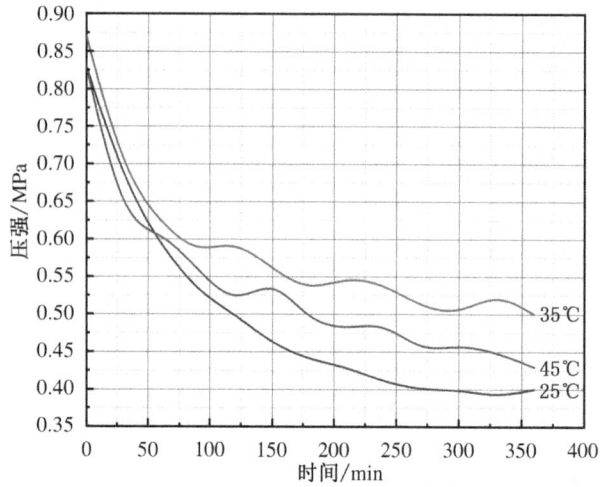

图 6.19　CO₂ 在 40 wt%电石渣泡沫的压强变化

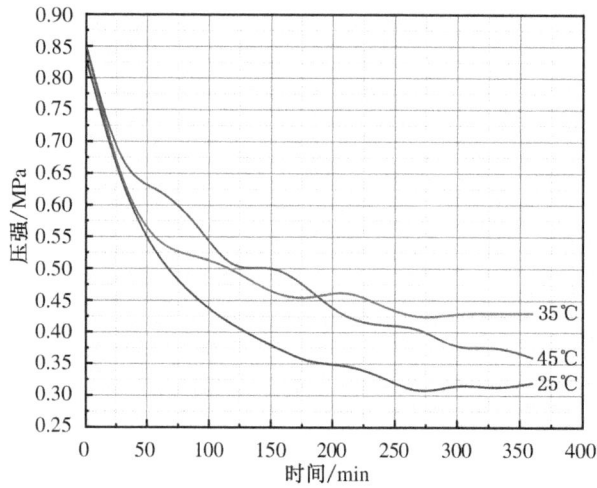

图 6.20　CO₂ 在 60 wt%电石渣泡沫的压强变化

图 6.21～图 6.23 展示了各物质在温度和初始压强相等的条件下,各反应物质在 360 min 内压强的变化。我们用 ΔP 来反映 CO_2 在体系中的压强变化值,ΔP 按式(6.3)来计算:

$$\Delta P = P_{末} - P_0 \tag{6.3}$$

式中,$P_{末}$ 为结束时反应釜内的压强;P_0 为初始时反应釜内的压强。

结果表明,在温度和初始压强相等的条件下,加入相同 pH 值的电石渣浆液与加入水的结果并无太大变化。在实验结束时测量了电石渣浆液的 pH 值,其上层澄清液的 pH 值接近 7,而底层液体的 pH 值接近 11。一方面,由于 CO_2 是一种弱酸性气体,在水中的溶解度有限,无法充分溶解到电石渣浆液的底部,上层液的表面积较少;另一方面,电石渣中 CaO 或 $Ca(OH)_2$ 在水中的游离 Ca^{2+} 和 OH^- 有限,能够相互反应的物质较少,导致 ΔP 变化不大。当反应物为电石渣泡沫时,ΔP 的值明显增大。这是由于电石渣泡沫是一种多孔结构的碱性材料,泡沫的比表面积大大增加,液膜表面上游离着 Ca^{2+} 与 OH^-,泡孔与泡孔之间是相互联通的,更多的 CO_2 气体与液膜接触,溶解在其表面形成 CO_3^{2-} 和 HCO_3^-,随后与 Ca^{2+} 反应形成稳定的 $CaCO_3$,导致 ΔP 明显增大。但随着泡沫质量的增加,ΔP 增加的趋势趋于平缓,这是受压力和温度的影响。综上所述,当泡沫的添加量约为反应物总质量的 20% 时,矿化 CO_2 的效果最佳。

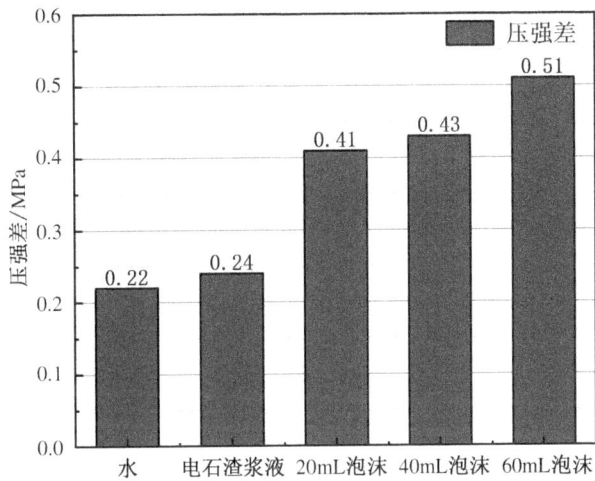

图 6.21 25 ℃下 CO_2 在不同体系中的压强变化

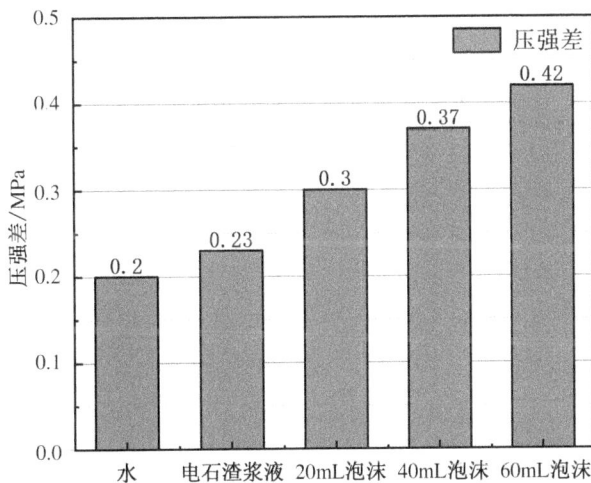

图 6.22 35 ℃下 CO_2 在不同体系中的压强变化

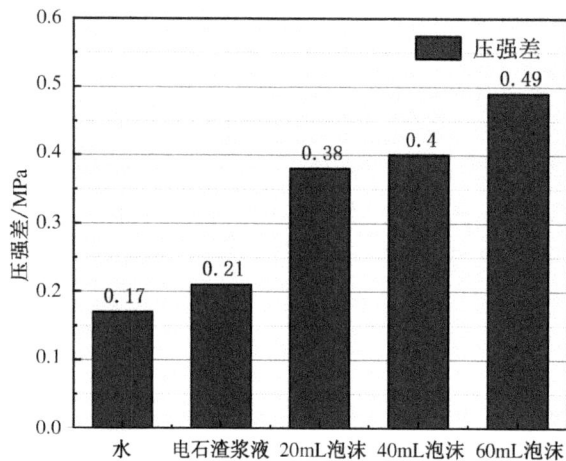

图 6.23　45 ℃下 CO_2 在不同体系中的压强变化

（3）X 射线衍射实验分析

如图 6.24 所示，分别对在 25 ℃、35 ℃、45 ℃下矿化反应后的电石渣泡沫进行了 XRD 分析。从图中均检测到 $Ca(OH)_2$ 和 $CaCO_3$ 的主要矿物成分。这表明电石渣泡沫中的 $Ca(OH)_2$ 并未完全转化为 $CaCO_3$。但是在 25 ℃时，$Ca(OH)_2$ 的衍射峰较少且衍射峰的强度较低，而形成 $CaCO_3$ 的衍射峰数量较多且强度高于另外两种条件下矿化的电石渣泡沫的衍射峰，这表明在该条件下电石渣泡沫中的 CaO 和 $Ca(OH)_2$ 基本反应完全。此外，图中数据还表明，电石渣泡沫在 45 ℃下矿化后的 $Ca(OH)_2$ 衍射峰的数量少于在 35 ℃下矿化后的 $Ca(OH)_2$ 衍射峰的数量，且 45 ℃下的衍射峰强度高于 35 ℃下衍射峰强度。这表明在常温下，随着温度的升高，电石渣泡沫的矿化率先降低然后提高，这也与前边的结论相一致。综上所述，矿化 CO_2 最佳的条件为 25 ℃即常温下，电石渣泡沫的占比为 20 wt%。

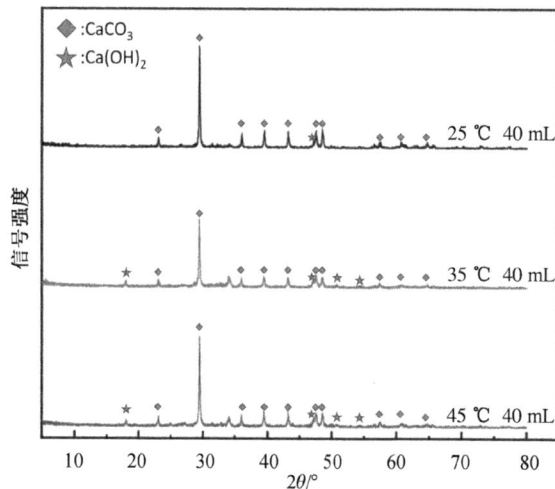

图 6.24　泡沫矿化后 XRD 图谱

（4）SEM 分析

为了进一步分析电石渣泡沫对煤样的封堵情况,通过电镜观察煤样的微观形貌特征,结果如图 6.25 所示。

| (a) 原煤 | (b) 电石渣泡沫处理后的煤样 | (c) 电石渣泡沫 |

图 6.25　原煤与电石渣泡沫处理后煤样的 SEM 形貌图

图 6.25 为原煤及电石渣泡沫处理后煤样的 SEM 形貌图。由图(a)可看出,原煤的表面较为粗糙,结构崎岖不平,部分区域有粒状褶皱的小煤粒。由图(b)可以看出,经过电石渣泡沫处理后的煤样更为粗糙,原煤的表面基本被电石渣泡沫覆盖住,这表明电石渣泡沫具有良好的封堵效果,验证了电石渣泡沫可在一定程度上隔绝煤与氧气的结合,防止氧化作用的发生。从图(c)中可以看出,泡沫是一种多孔结构,具有更大的比表面积,可与 CO_2 有更多的接触面积,从而加快矿化速率,矿化后的 $CaCO_3$ 是一种固态不燃物,可有效抑制煤的自燃。此外,电石渣泡沫可牢固地黏附在煤体表面,这是因为电石渣泡沫中含有水玻璃、海藻酸钠、聚乙烯醇三种化学助剂以及水泥,这些助剂在一定程度上有促凝和粘接的作用,使电石渣泡沫长久有效地覆盖在煤块上。

6.3　电石渣泡沫防治煤自燃性能

煤的自燃必须满足三个条件:可燃物、氧气和热源。当这几个条件同时满足时,才有可能导致煤自燃。电石渣泡沫是一种含水率较高的材料,且泡沫中含有的表面活性剂可以有效改善煤的润湿性。电石渣泡沫中含有大量的盐($CaCl_2$、$MgCl_2$ 等),可以长期有效保持煤体的湿度。由于水的比热容较大,吸热和放热速率都较高,可以快速对煤体降温;另一方面,电石渣泡沫具有流动性、可向上部堆积、覆盖范围广等特点,能够将更多的电石渣和水输送到防灭火区域,及时覆盖在煤体表面和煤的裂隙之间,有效封堵漏风通道,隔绝煤与氧气的接触,从而阻断煤氧复合作用。

针对电石渣泡沫的有效防灭火性能,主要从阻化性能和热稳定性能两方面展开实验研究。其中,阻化性能方面,本文通过煤自燃特性综合测试系统测试了原煤、电石渣碱水处理后煤样和电石渣泡沫处理后煤样的交叉点温度以反映泡沫处理前后煤样的自燃倾向性。热稳定性能方面通过热重实验分析煤样在不同温度点的失重原因,进而评价电石渣泡沫对煤样的热稳定性效果。

6.3.1 防灭火特性实验测试方法

（1）交叉点温度测试

实验采用程序升温的方法来测试煤样的交叉点温度，通过比较交叉点温度来评价煤样的自燃倾向性。煤样取自安徽省宿州市钱营孜煤矿。新鲜煤样经球磨机粉碎后，筛选出 5～20 目的原煤样，并用密封袋密封保存。对煤样分别用蒸馏水、电石渣碱水、电石渣泡沫在常温环境下浸泡 8 h，取原煤样、水浸煤样、不同质量的碱水和不同质量的泡沫浸泡煤样放入真空干燥箱内，在 60 ℃下真空干燥 72 h。然后分别称量 25 g 煤样放入煤样罐内，并通入 50 mL/min 的干空气，采用 1 ℃/min 升温速率进行程序升温，直到煤样罐温度超过控温箱温度时结束实验。

（2）红外测试

傅里叶红外光谱测试。采用美国 Thermo Fisher Scientific 公司 Nicolet iS50 傅里叶红外光谱仪，对原煤、电石渣碱水处理后煤样和电石渣泡沫处理后煤样进行红外测试。首先，采用 KBr 粉末压片获得背景参考光谱后；然后，将粉末状样品与干燥的 KBr 按照 1∶200 的比例添加到研钵中研磨，在 10 MPa 下压片 3 min 后进行扫描。波数范围为 4 000～400 cm^{-1}，分辨率为 4 cm^{-1}。通过对比原煤与泡沫处理后煤样活性官能团的特征峰变化，从微观角度分析电石渣泡沫对煤样的活性官能团的影响，进而评估电石渣泡沫对煤样的阻化效果。

（3）热重测试

采用热重分析仪 DT-50 Setaram 测试了原煤及处理后煤样的热稳定性。称取 10.0 mg 样品，同时通入 50 mL/min 空气对煤样进行氧化，升温速率为 10 ℃/min，反应温度为 30～500 ℃。

6.3.2 电石渣泡沫防灭火特性

（1）交叉点温度分析

交叉点温度（CPT）是指为程序控温箱温度和煤样罐的温度相等时对应的温度点，可用于判断煤在加速氧化阶段的自燃倾向性。一般情况下，煤在程序升温的情况下可分为两个阶段：低温氧化阶段（30～70 ℃）和加速氧化阶段（70～180 ℃）。

通过图 6.26～图 6.30 中煤样的升温曲线可以看出，经过电石渣碱液或电石渣泡沫处理后煤样的 CPT 都升高了，其中经过 20％电石渣泡沫处理后的煤样 CPT 效果较为明显。当控温箱的温度低于 75 ℃时，为低温氧化阶段，在这一阶段不同处理后煤样的升温曲线与原煤升温曲线基本重合，表明在煤低温氧化阶段，电石渣碱液或电石渣泡沫的影响较小。当控温箱内的温度高于 75 ℃后，经过处理后煤样的升温速率开始降低。具体而言,原煤、10 wt%电石渣碱水处理后煤样、20 wt%电石渣碱水处理后煤样、10 wt%电石渣泡沫处理后煤样、20% wt%电石渣泡沫处理后煤样对应的 CPT 分别为 192 ℃、204 ℃、209 ℃、218 ℃和 221 ℃。经过处理后煤样的 CPT 分别提高了 12 ℃、17 ℃、26 ℃和 29 ℃。这表明电石渣碱水和电石渣泡沫对煤样均起到了抑制煤的氧化升温速率,其中电石渣泡沫相比于电石渣碱水的抑制效果更好。这一现象的原因可能有两个方面:一方面是由于碱液和泡沫中含有 Ca(OH)₂ 等碱性物质,这些物质可以减少煤中活性基团的数量,降低煤中基团的反应活性,从而导致处理后煤样的升温速率降低;另一方面泡沫中含有更多的盐(MgCl₂、CaCl₂ 等)和电石渣粉末,这些盐和粉末具有较强的吸水能力和保水性,进一步降低了煤样的升温速率,因此电石渣泡沫处理后煤样的 CPT 高于电石渣碱水处理后的煤样。

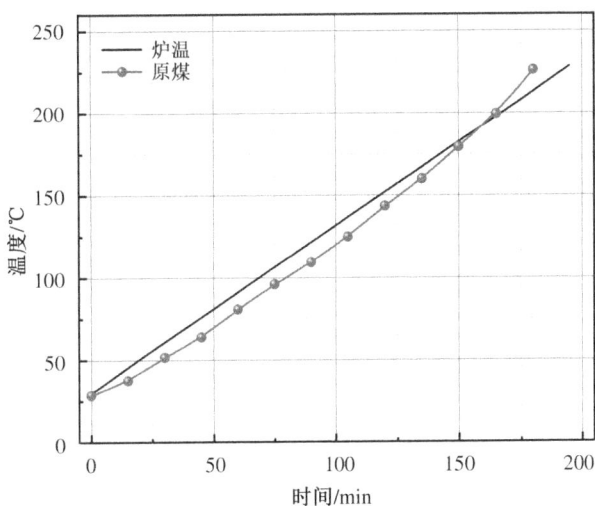

图 6.26　原煤与炉温的交叉点温度

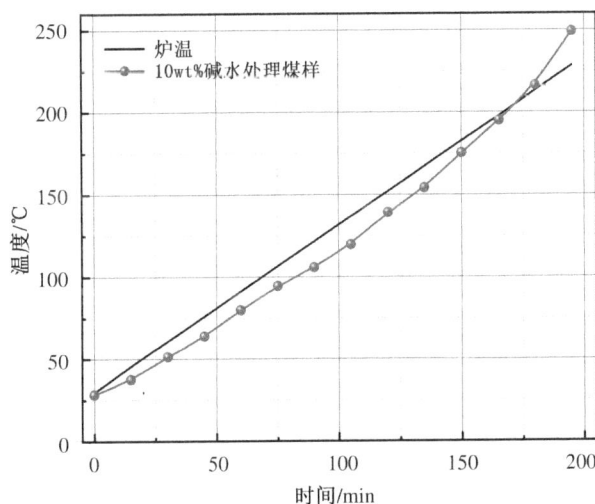

图 6.27　10 wt%电石渣碱水处理后煤样与炉温的交叉点温度

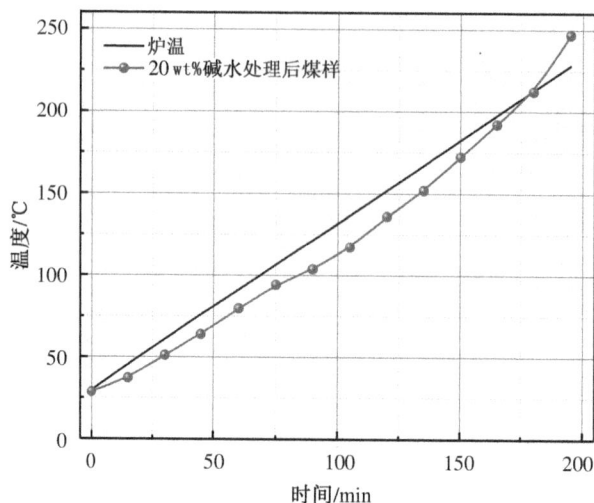

图 6.28 20 wt%电石渣碱水处理后煤样与炉温的交叉点温度

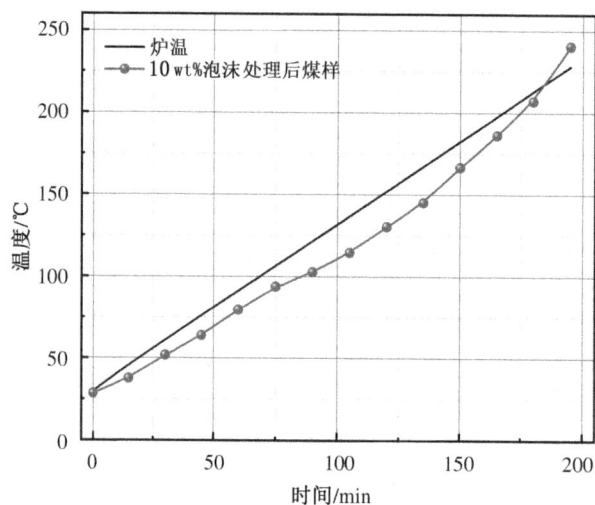

图 6.29 10 wt%电石渣泡沫处理后煤样与炉温的交叉点温度

（2）红外分析

煤的自燃本质是煤中官能团与氧气的氧化放热过程。热量积聚导致煤体温度升高，降低煤中官能团反应的活化能，进一步促进煤的氧化。在电石渣碱液或电石渣泡沫的预处理和程序升温过程中，煤中的一些化学键会遭到破坏或形成新的化学键，煤中的活性官能团会发生改变。为了探究煤样在阻化前后和程序升温前后中官能团的变化，采用傅里叶红外技术（FTIR）对两组阻化效果较好的煤样（即 20 wt%碱水处理煤样与 20 wt%泡沫处理煤样）与原煤进行深入的对比分析。

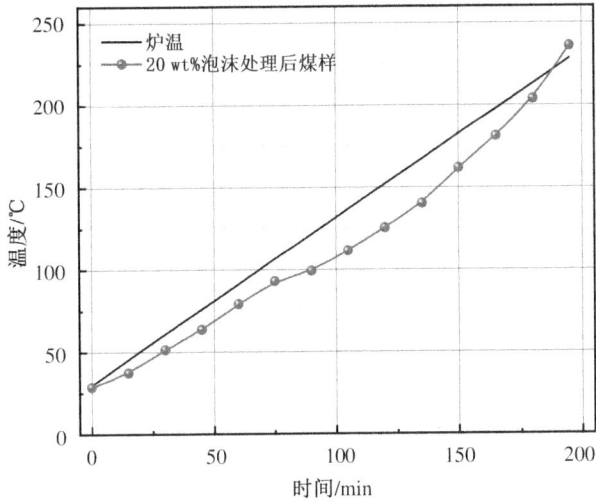

图 6.30　20 wt%电石渣泡沫处理后煤样与炉温的交叉点温度

　　图 6.31 和图 6.32 为各煤样红外光谱图。从图中可以看出,煤中所包含的官能团复杂且多样。其中,主要的活性官能团包括含芳香族、脂肪族和含氧官能团。其中 3 200～3 600 cm^{-1} 处的吸收峰主要对应煤中的羟基,2 921 cm^{-1} 和 2 853 cm^{-1} 处的吸收峰对应煤中的亚甲基,1 622 cm^{-1} 处的吸收峰对应煤中苯环上的 C═O,1 373 cm^{-1} 处的吸收峰对应煤中的甲基,1 034 cm^{-1} 处的吸收峰对应煤中的醚键(C—O—C)。

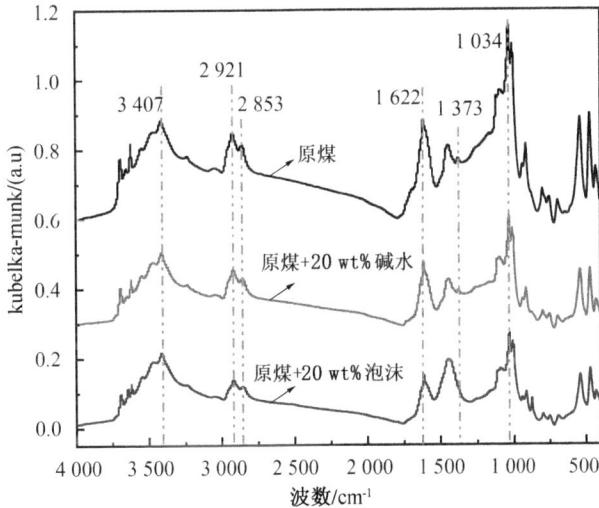

图 6.31　煤样阻化前后的红外光谱图

　　通过图 6.31 对煤样阻化前后的红外光谱分析,经过电石渣碱液和电石渣泡沫处理后,煤样在 3 200～3 600 cm^{-1} 处的羟基峰强度减弱,2 921 cm^{-1} 和 2 853 cm^{-1} 处的亚甲基峰的强度也减少。这可能是由于煤中的亚甲基氢具有一定的酸性,与碱液和泡沫中游

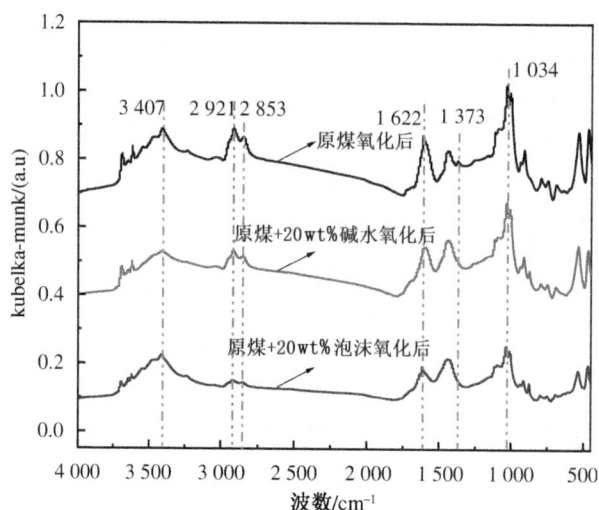

图 6.32　煤样升温氧化后的红外光谱图

离的—OH⁻反应,导致羟基峰和亚甲基峰强度的降低。此外,经过碱水处理后煤样的羟基峰和亚甲基峰强度强于泡沫处理后煤样对应的峰,1 622 cm⁻¹ 处的吸收峰(对应煤中苯环上 C ═O 峰)强度也高于泡沫处理后煤样对应的峰。这可能是因为在碱水中的游离的—OH⁻ 较多,而在泡沫中,电石渣粉末是一种亲水性物质,自由水较少,导致游离的—OH⁻ 数量较少,实验测得的 pH 值接近 13,这可能会抑制亚甲基的还原性,因此经过碱水处理后煤样的羟基峰和亚甲基峰强度高于泡沫处理后煤样对应的峰。

　　通过图 6.32 对比分析可得出各煤样升温前后的基团变化。3 407 cm⁻¹ 处对应的羟基峰强度降低明显,这可能是因为当升温接近 100 ℃或超过 100 ℃后,煤中内部的水分发生气化,带走了部分热量,导致煤的升温速率减缓,从而使得氧化后的各煤样羟基峰强度明显降低,其中原煤在此处的羟基峰强度变化最大。同样,在 2 921 cm⁻¹ 和 2 853 cm⁻¹ 处的亚甲基峰,1 622 cm⁻¹ 处的吸收峰(对应煤中苯环上的 C ═O)强度也出现了明显的降低,其中原煤峰的强度降低最为明显。经过电石渣碱水或电石渣泡沫处理后煤样的峰强度降低趋势较小,这些活性基团参与到煤的升温氧化过程后产生了 CO、CO₂、烷烃、烯烃等气体产物,这也说明了经过碱水和电石渣泡沫处理后的煤样具有减缓煤发生氧化的作用。

　　(3)煤的热稳定性分析

　　如图 6.33 所示,煤的氧化是一个伴随着质量变化的过程,根据煤样质量随着温度变化的关系,通常将煤的自燃过程分为三个阶段:失水失重(30～150 ℃)、氧化增重(150～400 ℃)和燃烧失重(400 ℃之后)。

　　通过交叉温度点实验结果表明,电石渣泡沫对煤样具有更好的阻化效果。为了分析电石渣泡沫对煤样的阻化效果是源于其中的碱性物质还是电石渣粉末的作用,并排除水

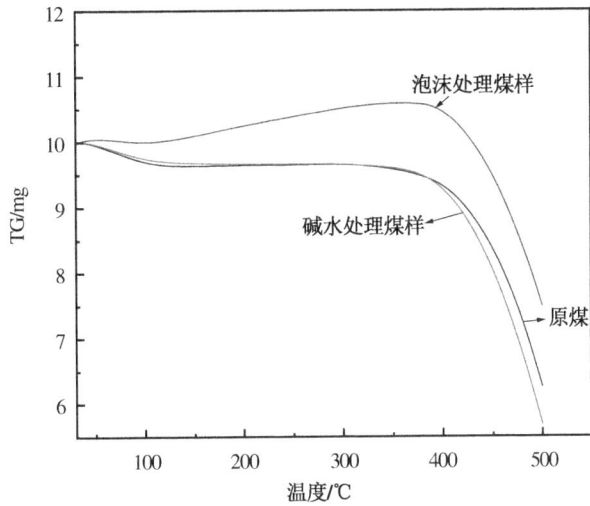

图 6.33 30～500 ℃不同煤样的热重曲线

对实验的影响,实验开始前对所有煤样在 60 ℃的真空环境下干燥 72 h。煤样的阻化功能主要体现在 30～200 ℃的区间内,能够降低煤的氧化失重速率。因此,我们着重分析了不同煤样在 30～200 ℃的质量变化,结果如图 6.34 所示。

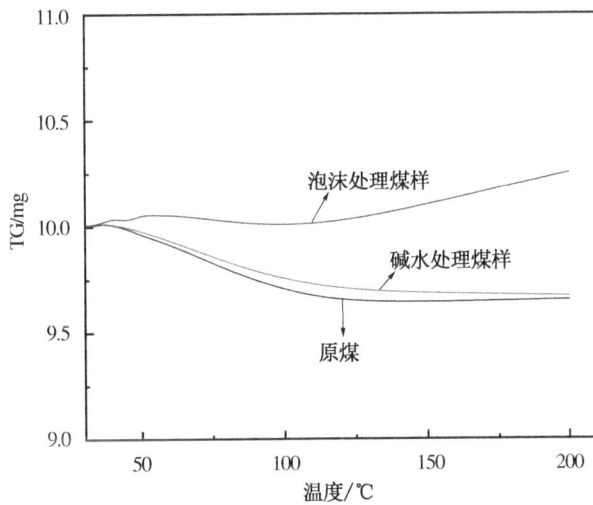

图 6.34 30～200 ℃不同煤样的热重曲线

图 6.34 为原煤、20 wt%电石渣废水(碱水)处理后煤样、20 wt%电石渣泡沫处理后煤样的热重曲线图。在 30～50 ℃之间,原煤和经过碱水处理后煤样的质量在缓慢下降,而经过泡沫处理后煤样的质量有一个缓慢增加的过程。这是由于干燥时间较长,三种煤样所含的自由水微乎其微。在 40 ℃时开始产生 CO 和 CO₂ 等气体,原煤和碱水处理后煤样的吸氧增重小于产气失重,导致质量缓慢下降,而泡沫是一种多孔碱性材料,可以暂时

吸附这些气体或降低气体的流出速率,其吸氧增重大于产气失重,导致其质量缓慢上升。而在 50～100 ℃之间,三种煤样的质量均在降低,质量下降速率为:原煤>电石渣碱水处理后煤样>电石渣泡沫处理后煤样。这是因为在这一阶段产气速率增大,80 ℃左右煤的氧化过程中还会产生烷烃(CH_4、C_2H_6)和烯烃(C_2H_4)等指标气体。由于实验前干燥时间较长,三种煤样中所含的自由水较少,内部的结合水也会随着温度的升高而气化流失,原煤无保水性材料,碱水处理煤样中有一定成分的盐,而盐具有吸水保湿的作用。此外,碱水和电石渣泡沫含有强碱性物质,会对煤中的活性基团造成一定的破坏或与煤中活性基团反应,因此碱水处理煤样的失重速率小于原煤,电石渣泡沫中含有聚乙烯醇、水玻璃和海藻酸钠等保水性材料,保水性较强,含有的结合水较多,失水较慢,吸附在表面还未参与反应的 CO_2 又会反向抑制煤的氧化,降低煤的氧化速率,所以其失重速率远低于其他两种煤样。在 100～200 ℃之间,原煤和碱水处理煤样的失重速率逐渐降低,而电石渣泡沫处理煤样的质量逐渐增大。这是因为电石渣泡沫的主要成分是 CaO 和 $Ca(OH)_2$,泡沫是一种多孔结构,随着温度的升高,其内部的结合水转变为自由水吸附在泡沫处理后煤样的表面,与 CaO 和 $Ca(OH)_2$ 共同作用吸附更多的 CO_2 形成稳定的 $CaCO_3$,吸附在表面还未与 CaO 和 $Ca(OH)_2$ 反应的 CO_2 又会反向抑制煤的氧化,导致其质量持续增加。综上所述,电石渣泡沫是一种具有优良阻化效果、保水性好、稳定性强的防灭火材料。

6.4 本章小结

本章以制备一种绿色安全环保的煤自燃防灭火材料为目标,根据工业固废材料电石渣产量大、污染严重、活性高、碱性强等特点以及温室气体 CO_2 排放量逐年升高的环境问题,提出以电石渣为主要骨料制备一种多功能防灭火泡沫。这种泡沫不仅能够湿润煤体,快速降温,隔绝煤氧结合,降低煤的氧化速率,封堵漏风通道,而且利用电石渣的强碱性和泡沫含水量高、比表面积大等特点,可在短时间内实现对 CO_2 的快速矿化,一方面降低了电石渣的强碱性对土壤及周边生态环境的污染,另一方面实现了对温室气体 CO_2 的永久封存。

(1)通过单一重复实验分析了不同类型表面活性剂在强碱性环境中的发泡能力。实验结果表明,不同种类的表面活性剂降低溶液的表面张力的能力不同,同一种表面活性剂,随着浓度的升高,溶液的表面张力先降低后升高,发泡体积先增加,当表面活性剂的浓度超过 0.35 wt%时,发泡体积呈不变的趋势。

(2)通过研究电石渣泡沫的稳定系数、排液体积等参数,分析了水玻璃(WG)、海藻酸钠(SA)、聚乙烯醇 1799 型(PVA)、硅微粉、水泥等添加量及水固比对泡沫稳定性的影响。得出:当 10 wt% WG 含量为 10 mL、5 wt% PVA 含量为 10 mL、1 wt% SA 的含量为 10 mL、电石渣含量为 10 wt%、水泥含量为 4 wt%,水固比为 6∶1 时综合性能最佳,可使泡沫的排液体积降至 9 wt％,电石渣泡沫的稳定系数提高至 86.8％。

（3）通过煤样的程序升温实验测试了不同处理后煤样（电石渣碱水处理与泡沫处理后煤样）与原煤的交叉点温度,分析了泡沫对煤样的阻化效果。实验结果表明,20 wt％电石渣泡沫处理后煤样的交叉点温度较原煤提高了 29℃,煤样的自燃倾向性得到有效降低。

（4）通过对原煤、20 wt％电石渣碱水处理后煤样、20 wt％电石渣泡沫处理后煤样进行热重实验。实验结果表明,经泡沫处理后的煤样热稳定性明显增加。这是由于电石渣泡沫是一种多孔碱性材料,其内部含有聚乙烯醇、海藻酸钠、水玻璃等胶凝材料,保水性较强。当实验温度大于 100 ℃以后,内部的结合水蒸发吸附在泡孔表面,与氧化钙 CaO 和氢氧化钙 $Ca(OH)_2$ 共同作用吸收 CO_2 形成稳定的方解石型 $CaCO_3$,而吸附在泡孔表面未及时反应的 CO_2 气体又可反向抑制煤的氧化。

（5）通过自制的简易矿化装置及高温高压反应釜进行了 CO_2 矿化实验。采用单因素分析法,分析了不同温度（25 ℃、35 ℃、45 ℃）和不同质量分数（20 wt％、40 wt％、60 wt％）的电石渣泡沫对 CO_2 矿化效果的影响。实验结果表明,当反应温度为 25 ℃（常温）,电石渣泡沫的质量分数为 20 wt％时,对 CO_2 矿化吸收的效果最佳。

参考文献

［1］王国法,任世华,庞义辉,等.煤炭工业"十三五"发展成效与"双碳"目标实施路径[J].煤炭科学技术,2021,49(9):1-8.

［2］王双明,申艳军,孙强,等."双碳"目标下煤炭开采扰动空间 CO_2 地下封存途径与技术难题探索[J].煤炭学报,2022,47(1):45-60.

［3］谢和平,任世华,谢亚辰,等.碳中和目标下煤炭行业发展机遇[J].煤炭学报,2021,46(7):2197-2211.

［4］刘峰,郭林峰,赵路正.双碳背景下煤炭安全区间与绿色低碳技术路径[J].煤炭学报,2022,47(1):1-15.

［5］谢和平,高明忠,刘见中,等.煤矿地下空间容量估算及开发利用研究[J].煤炭学报,2018,43(6):1487-1503.

［6］周福宝,夏同强,刘应科,等.二次封孔粉料颗粒输运特性的气固耦合模型研究[J].煤炭学报,2011,36(6):953-958.

［7］高飞,邓存宝,王雪峰,等.采空区煤层封存 CO_2 影响因素分析[J].环境工程学报,2017,11(8):4653-4659.

［8］邓军,杨囡囡,王彩萍,等.采空区煤自燃"防-抑-灭"协同防灭火关键技术[J].煤矿安全,2022,53(9):1-8.

［9］纪龙.利用粉煤灰矿化封存二氧化碳的研究[D].北京:中国矿业大学(北京),2018.

［10］Miller Q R S, Schaef H T, Kaszuba J P, et al. Quantitative review of olivine carbonation kinetics: Reactivity trends, mechanistic insights, and research frontiers[J]. Environmental Science & Technology Letters, 2019, 6(8): 431-442.

［11］赵锦波,卞凤鸣.CO2 化学转化基础与应用研究进展[J].化工进展,2022,41(S1):524-535.

［12］Sharma A, Jindal J, Mittal A, et al. Carbon materials as CO_2 adsorbents: A review[J]. Environmental Chemistry Letters, 2021, 19(2): 875-910.

［13］马卓慧.钢渣/电石渣矿化固定 CO_2 及钢渣脱除 SO_2 协同提硅研究[D].太原:山西大学,2021.

［14］Winnefeld F, Leemann A, German A, et al. CO_2 storage in cement and concrete by mineral carbonation[J]. Current Opinion in Green and Sustainable Chemistry, 2022, 38: 100672.

［15］李林坤,刘琦,黄天勇,等.基于水泥基材料的 CO_2 矿化封存利用技术综述[J].材料导报,2022,36(19):82-90.

［16］Park J H, Yang J, Kim D, et al. Review of recent technologies for transforming carbon dioxide to carbon materials[J]. Chemical Engineering Journal, 2022, 427: 130980.

［17］Rashid M I. Truth and false-carbon dioxide mitigation technologies[J]. Non-Metallic Material

Science，2021，3(2)：1-5.

[18] Rim G，Wang D Y，Rayson M，et al. Investigation on abrasion versus fragmentation of the Si-rich passivation layer for enhanced carbon mineralization via CO_2 partial pressure swing[J]. Industrial & Engineering Chemistry Research，2020，59(14)：6517-6531.

[19] Chen J，Shen Y Z，Chen Z L，et al. Accelerated carbonation of ball-milling modified MSWI fly ash：Migration and stabilization of heavy metals[J]. Journal of Environmental Chemical Engineering，2023，11(2)：109396.

[20] Rashid M I，Benhelal E，Anderberg L，et al. Aqueous carbonation of peridotites for carbon utilisation：A critical review[J]. Environmental Science and Pollution Research International，2022，29(50)：75161-75183.

[21] Tebbiche I，Pasquier L C，Mercier G，et al. Mineral carbonation with thermally activated serpentine：the implication of serpentine preheating temperature and heat integration[J]. Chemical Engineering Research and Design，2021，172：159-174.

[22] 许元龙. 低浓度醇胺溶液为媒介的 CO_2 捕集-矿化一体化试验研究[D]. 南昌：华东交通大学，2022.

[23] Li J J，Jacobs A D，Hitch M. The effect of mineral composition on direct aqueous carbonation of ultramafic mine waste rock for CO_2 sequestration，a case study of Turnagain ultramafic complex in British Columbia，Canada[J]. International Journal of Mining，Reclamation and Environment，2022，36(4)：267-286.

[24] Monasterio-Guillot L，Fernandez-Martinez A，Ruiz-Agudo E，et al. Carbonation of calcium-magnesium pyroxenes：Physical-chemical controls and effects of reaction-driven fracturing[J]. Geochimica et Cosmochimica Acta，2021，304：258-280.

[25] Rashid M I，Benhelal E，Farhang F，et al. Application of concurrent grinding in direct aqueous carbonation of magnesium silicates[J]. Journal of CO_2 Utilization，2021，48：101516.

[26] 霍中刚，薛文涛，舒龙勇. 我国煤矿岩石与 CO_2 突出机制探讨[J]. 煤炭科学技术，2021，49(1)：155-161.

[27] 刘洋. CO_2 驱替煤层 CH_4 影响因素研究及现场应用分析[D]. 西安：西安科技大学，2021.

[28] Li Z Y，Shi K R，Zhai L Y，et al. Constructing multiple sites of metal-organic frameworks for efficient adsorption and selective separation of CO_2[J]. Separation and Purification Technology，2023，307：122725.

[29] Gong L Z，Bao A. High-value utilization of lignin to prepare N，O-codoped porous carbon as a high-performance adsorbent for carbon dioxide capture[J]. Journal of CO_2 Utilization，2023，68：102374.

[30] Cui H M，Xu J G，Shi J S，et al. Evaluation of different potassium salts as activators for hierarchically porous carbons and their applications in CO_2 adsorption[J]. Journal of Colloid and Interface Science，2021，583：40-49.

[31] Hakami O. Urea-doped hierarchical porous carbons derived from sucrose precursor for highly efficient CO_2 adsorption and separation[J]. Surfaces and Interfaces，2023，37：102668.

[32] 相建华,雷蕾.煤表面官能团对 CH_4 及 CO_2 吸附性能的影响规律研究[J].煤炭科学技术,2021,49(6):145-151.

[33] Guo X F, Zhang G J, Wu C L, et al. A cost-effective synthesis of heteroatom-doped porous carbon by sulfur-containing waste liquid treatment: As a promising adsorbent for CO_2 capture[J]. Journal of Environmental Chemical Engineering, 2021, 9(2): 105165.

[34] Chen C, Xu H F, Jiang Q B, et al. Rational design of silicas with meso-macroporosity as supports for high-performance solid amine CO_2 adsorbents[J]. Energy, 2021, 214: 119093.

[35] Fatima S S, Borhan A, Ayoub M, et al. Development and progress of functionalized silica-based adsorbents for CO_2 capture[J]. Journal of Molecular Liquids, 2021, 338: 116913.

[36] Karka S, Kodukula S, Nandury S V, et al. Polyethylenimine-modified zeolite 13X for CO_2 capture: Adsorption and kinetic studies[J]. ACS Omega, 2019, 4(15): 16441-16449.

[37] 张金超,桑树勋,韩思杰,等.不同含水性无烟煤 CO_2 吸附行为及其对地质封存的启示[J].煤田地质与勘探,2022,50(9):96-103.

[38] 朱磊,宋天奇,古文哲,等.矸石浆体输送阻力特性及采空区流动规律试验研究[J].煤炭学报,2022,47(S1):39-48.

[39] 石建行,冯增朝,周动,等.基于煤粉堵塞的煤体解堵实验研究[J].煤炭学报,2022(4):1-10.

[40] 康毅力,经浩然,许成元,等.颗粒形状对裂缝封堵层细观结构稳定性的影响[J].西南石油大学学报(自然科学版),2021,43(3):81-92.

[41] Zhong Y, Zhang H, Feng Y H, et al. A composite temporary plugging technology for hydraulic fracture diverting treatment in gas shales: Using degradable particle/powder gels (DPGs) and proppants as temporary plugging agents[J]. Journal of Petroleum Science and Engineering, 2022, 216: 110851.

[42] Li H, Zhu Y, Kong D, et al. Simulation study on flow and heat transfer characteristics of particles in porous media[J]. Journal of Engineering Thermopysics, 2021(42):2017-2026.

[43] 孙琳,张永昌,吴轶君,等.体膨颗粒非均质裂缝封堵效果与改善[J].西南石油大学学报(自然科学版),2022,44(1):151-157.

[44] Yang J B, Sun J S, Bai Y R, et al. Preparation and characterization of supramolecular gel suitable for fractured formations[J]. Petroleum Science, 2023, 20(4): 2324-2342.

[45] Zhou H T, Wu X T, Song Z X, et al. A review on mechanism and adaptive materials of temporary plugging agent for chemical diverting fracturing[J]. Journal of Petroleum Science and Engineering, 2022, 212: 110256.

[46] Wang L H, Li S Y, Cao R B, et al. Microscopic plugging adjustment mechanism in a novel heterogeneous combined flooding system[J]. Energy Reports, 2022, 8: 15350-15364.

[47] Lin C, Taleghani A D, Kang Y L, et al. A coupled CFD-DEM simulation of fracture sealing: Effect of lost circulation material, drilling fluid and fracture conditions[J]. Fuel, 2022, 322: 124212.

[48] Wang L L, Wang T F, Wang J X, et al. Enhanced oil recovery mechanism and technical boundary of gel foam profile control system for heterogeneous reservoirs in Changqing[J]. Gels, 2022, 8(6): 371.

［49］ Shah M，Shah S N．A novel method to evaluate performance of chemical particulates for fluid diversion during hydraulic fracturing treatment［J］．Journal of Natural Gas Science and Engineering，2021，95：104178.

［50］ Chen X，Li Y Q，Liu Z Y，et al．Experimental and theoretical investigation of the migration and plugging of the particle in porous media based on elastic properties［J］．Fuel，2023，332：126224.

［51］ Li Z Y，Zhou Y，Qu L，et al．A new method for designing the bridging particle size distribution for fractured carbonate reservoirs［J］．SPE Journal，2022，27(5)：2552-2562.

［52］ Gao H，Xu R Z，Xie Y G，et al．Quantitative evaluation of the plugging effect of the gel particle system flooding agent using NMR technique［J］．Energy & Fuels，2020，34(4)：4329-4337.

［53］ Huang X B，Meng X，Lv K H，et al．Development of a high temperature resistant nano-plugging agent and the plugging performance of multi-scale micropores［J］．Colloids and Surfaces A：Physicochemical and Engineering Aspects，2022，639：128275.

［54］ Bai Y R，Dai L Y，Sun J S，et al．Plugging performance and mechanism of an oil-absorbing gel for lost circulation control while drilling in fractured formations［J］．Petroleum Science，2022，19(6)：2941-2958.

［55］ Lei S F，Sun J S，Bai Y R，et al．Plugging performance and mechanism of temperature-responsive adhesive lost circulation material［J］．Journal of Petroleum Science and Engineering，2022，217：110771.

［56］ Kang W L，Wang J Q，Ye Z Q，et al．Study on preparation and plugging effect of sawdust gel particle in fractured reservoir［J］．Journal of Petroleum Science and Engineering，2022，212：110358.

［57］ Rod K A，Cantrell K J，Varga T，et al．Sealing of fractures in a representative CO_2 reservoir caprock by migration of fines［J］．Greenhouse Gases：Science and Technology，2021，11(3)：483-492.

［58］ Xu C Y，Zhang H L，Kang Y L，et al．Physical plugging of lost circulation fractures at microscopic level［J］．Fuel，2022，317：123477.

［59］ 罗锦程.多措并举，提升尾矿库管理水平［J］.中国环境监察，2021(8)：80-81.

［60］ 陈冠益,刘馨仪,孙昱楠,等.锅炉与工业窑炉协同处置城市固废及腐蚀风险研究现状［J］.环境工程,2022,40(11):1-12.

［61］ Wu F H，Ren Y，Qu G F，et al．Utilization path of bulk industrial solid waste：A review on the multi-directional resource utilization path of phosphogypsum［J］．Journal of Environmental Management，2022，313：114957.

［62］ Azdarpour A，Asadullah M，Mohammadian E，et al．A review on carbon dioxide mineral carbonation through pH-swing process［J］．Chemical Engineering Journal，2015，279：615-630.

［63］ Bai Y Y，Guo W C，Wang X L，et al．Utilization of municipal solid waste incineration fly ash with red mud-carbide slag for eco-friendly geopolymer preparation［J］．Journal of Cleaner Production，2022，340：130820.

［64］ Azadi M，Edraki M，Farhang F，et al．Opportunities for mineral carbonation in Australia's mining industry[J]. Sustainability，2019，11(5)：1250.

[65] Pullin H，Bray A W，Burke I T，et al. Atmospheric carbon capture performance of legacy iron and steel waste[J]. Environmental Science & Technology，2019，53(16)：9502-9511.

[66] Librandi P，Nielsen P，Costa G，et al. Mechanical and environmental properties of carbonated steel slag compacts as a function of mineralogy and CO_2 uptake[J]. Journal of CO_2 Utilization，2019，33：201-214.

[67] Zhang J C，Wen X H，Cheng F Q. Preparation，thermal stability and mechanical properties of inorganic continuous fibers produced from fly ash and magnesium slag[J]. Waste Management，2021，120：156-163.

[68] Ukwattage N L，Ranjith P G，Wang S H. Investigation of the potential of coal combustion fly ash for mineral sequestration of CO_2 by accelerated carbonation[J]. Energy，2013，52：230-236.

[69] 黎洁，谢贤，李博琦，等. 地质聚合物研究进展[J]. 矿产保护与利用，2020，40(6)：141-148.

[70] Juenger M C G，Winnefeld F，Provis J L，et al. Advances in alternative cementitious binders[J]. Cement and Concrete Research，2011，41(12)：1232-1243.

[71] 占俊雄，卢金山，刘智勇，等. 大宗固体废渣制备地质聚合物及其性能和应用研究进展[J]. 陶瓷学报，2021，42(1)：54-62.

[72] Ma X T，Li Y J，Zhang C X，et al. Development of Mn/Mg-copromoted carbide slag for efficient CO_2 capture under realistic calcium looping conditions[J]. Process Safety and Environmental Protection，2020，141：380-389.

[73] Liu R，Wang X L，Gao S W. CO_2 capture and mineralization using carbide slag doped fly ash[J]. Greenhouse Gases：Science and Technology，2020，10(1)：103-115.

[74] Freire A L，Moura-Nickel C D，Scaratti G，et al. Geopolymers produced with fly ash and rice husk ash applied to CO_2 capture[J]. Journal of Cleaner Production，2020，273：122917.

[75] 巢清尘，张永香，高翔，等. 巴黎协定：全球气候治理的新起点[J]. 气候变化研究进展，2016，12(1)：61-67.

[76] Yadav S，Mondal S S. A review on the progress and prospects of oxy-fuel carbon capture and sequestration (CCS) technology[J]. Fuel，2022，308：122057.

[77] Yaumi A L，Abu Bakar M Z，Hameed B H. Recent advances in functionalized composite solid materials for carbon dioxide capture[J]. Energy，2017，124：461-480.

[78] Aminu M D，Ali Nabavi S，Rochelle C A，et al. A review of developments in carbon dioxide storage[J]. Applied Energy，2017，208：1389-1419.

[79] Buckingham J，Reina T R，Duyar M S. Recent advances in carbon dioxide capture for process intensification[J]. Carbon Capture Science & Technology，2022，2：100031.

[80] Rashid M I，Benhelal E，Anderberg L，et al. Aqueous carbonation of peridotites for carbon utilisation：A critical review[J]. Environmental Science and Pollution Research International，2022，29(50)：75161-75183.

[81] 李士戎. 二氧化碳抑制煤炭氧化自燃性能的实验研究[D]. 西安：西安科技大学，2008.

［82］ 马砺,邓军,王伟峰,等.CO₂ 对煤低温氧化反应过程的影响实验研究［J］.西安科技大学学报,2014,
34(4):379-383.

［83］ 翟小伟,王庭焱.液态 CO₂ 对高温煤体降温规律实验研究［J］.煤矿安全,2018,49(4):30-33.

［84］ 卓辉.浅埋藏近距离煤层群开采裂隙漏风及煤自然发火规律研究［D］.徐州:中国矿业大学,2021.

［85］ 徐精彩,文虎,邓军,等.凝胶防灭火技术在煤层内因火灾防治中的应用［J］.中国煤炭,1997,23(5):
28-30.

［86］ 徐精彩.煤层自燃胶体防灭火理论与技术［M］.北京:煤炭工业出版社,2004.

［87］ 周春山.矿用羧甲基纤维素钠/柠檬酸铝防灭火凝胶的制备与特性研究［D］.太原:太原理工大
学,2017.

［88］ 赵建国,朱化雨,刘晓泓,等.煤矿三元复合胶体防灭火材料的制备与性能研究［J］.功能材料,2015,
46(13):13139-13143.

［89］ Xue D,Hu X M,Cheng W M,et al. Fire prevention and control using gel-stabilization foam to
inhibit spontaneous combustion of coal:Characteristics and engineering applications［J］. Fuel,
2020,264:116903.

［90］ 徐永亮,王德明,王伟.防治煤自燃的悬砂胶体实验研究［J］.科技信息,2011(10):18-19.

［91］ 邬剑明.煤自燃火灾防治新技术及矿用新型密闭堵漏材料的研究与应用［D］.太原:太原理工大
学,2008.

［92］ Bai B J,Zhou J,Yin M F. A comprehensive review of polyacrylamide polymer gels for conformance
control［J］. Petroleum Exploration and Development,2015,42(4):525-532.

［93］ 王栖.聚丙烯酰胺交联反应原因及控制手段研究［J］.科技促进发展,2010,6(S1):24.

［94］ 陈伊宁.有机分子凝胶的制备、组装机理及掺杂功能化研究［D］.杭州:浙江工业大学,2017.

［95］ Li Y S,Hu X M,Cheng W M,et al. A novel high-toughness,organic/inorganic double-network
fire-retardant gel for coal-seam with high ground temperature［J］. Fuel,2020,263:116779.

［96］ Cheng W M,Hu X M,Wang D M,et al. Preparation and characteristics of corn straw-co-AMPS-
co-AA superabsorbent hydrogel［J］. Polymers,2015,7(11):2431-2445.

［97］ Vincent T,Dumazert L,Dufourg L,et al. New alginate foams:Box-Behnken design of their
manufacturing:fire retardant and thermal insulating properties［J］. Journal of Applied Polymer
Science,2018,135(7):e45868.

［98］ Zhang Y H,Zhou P L,Huang Z A,et al. Yellow mud/gel composites for preventing coal
spontaneous combustion［C］//Advances in Engineering Research,Proceedings of the 2015
International Conference on Materials,Environmental and Biological Engineering. March 28-30,
2015. Guilin,China. Paris,France:Atlantis Press,2015.

［99］ 王续.矿用粉煤灰/CMC复合凝胶防灭火性能研究［D］.太原:太原理工大学,2016.

［100］ 李宇乡,刘玉章,白宝君,等.体膨型颗粒类堵水调剖技术的研究［J］.石油钻采工艺,1999,21(3):
65-68,114.

［101］ Panthi K,Sharma H,Lashgari H,et al. High salinity swelling polymeric particles for EOR［C］//
SPE Annual Technical Conference and Exhibition. September 24-26,2018. Dallas,Texas,USA.
SPE,2018.

[102] 王涛,肖建洪,孙焕泉,等.聚合物微球的粒径影响因素及封堵特性[J].油气地质与采收率,2006,13(4):80-82,110-111.

[103] 刘江华,袁飞,王容军,等.老井封堵用粉煤灰—超细水泥堵剂的研究[J].新疆石油天然气,2012,8(S1):93-95,10.

[104] 杨卫华,葛红江,刘希君,等.用于水窜通道堵水的超细水泥浆体系[J].油田化学,2010,27(3):284-287.

[105] 唐长久,张志远,黄志华,等.粉煤灰调剖剂的室内研究与现场应用[J].油气采收率技术,1995,2(2):33-41.

[106] 栾林明,张宏伟,史红芳,等.一种以粉煤灰为主剂的水井用调剖剂[J].新疆石油学院学报,2003,15(2):53-55.

[107] Wang Y, Wang S W, Li R, et al. Feasibility analysis and field application of waste oily sludge resource utilization technology in oilfield[C]//Abu Dhabi International Petroleum Exhibition & Conference. November 12-15, 2018. Abu Dhabi, UAE. SPE, 2018.

[108] 尚朝辉,隋清国,冷强,等.含油污泥调剖技术研究与应用[J].江汉石油学院学报,2002,24(3):66-67,3.

[109] 冯永超,王翔,梅洁,等.一种保护低压裂缝性储层的堵漏材料及堵漏浆料:CN105969327B[P].2019-03-12.

[110] 王杠杠.预交联凝胶颗粒在BBZQ储层封堵和运移机理实验研究[D].西安:西安石油大学,2021.

[111] 程家麟.颗粒形貌与缝面起伏作用下的裂缝暂堵实验研究[D].北京:中国石油大学,2021.

[112] Barkman J H, Davidson D H. Measuring water quality and predicting well impairment[J]. Journal of Petroleum Technology, 1972, 24(7): 865-873.

[113] 张晶.煤矿区钻井裂缝性漏失承压堵漏机理与关键技术研究[D].北京:煤炭科学研究总院,2020.

[114] Muecke T W. Formation fines and factors controlling their movement in porous media[J]. Journal of Petroleum Technology, 1979, 31(2): 144-150.

[115] 梁守成,吕鑫,梁丹,等.聚合物微球粒径与岩芯孔喉的匹配关系研究[J].西南石油大学学报(自然科学版),2016,38(1):140-145.